JN450563

식품을 위한
포장 Blog

식품을 위한 포장 Blog

Packaging blog for food

윤 상 진

지음

SeokHakDang 碩学堂

머리말

우리는 마트에 가서 포장을 보고 상품을 구매합니다. 정말 맛있어 보이는 음식의 사진, 근사한 포장의 디자인을 보면 왠지 좋은 제품, 맛있는 음식일거라는 믿음이 생깁니다. 하지만, 식품의 포장은 보기만 좋아서는 안 되고, 그 식품을 잘 보호해주어야 합니다. 앞의 근사한 시각적 디자인을 하는 것을 그래픽 패키지 디자인, 식품을 잘 보호하고, 사용하기 쉽고, 운송이 쉬운 포장을 설계하는 것을 구조적 패키지 디자인이라고 합니다. 이 책에서는 식품포장의 구조적 디자인 방법에 대하여 이야기하려고 합니다. 물론 너무 전문적인 부분은 포장 전문가에게 맡기기로 하고…….

이미 포장기술이 많이 발달해서 포장은 우리가 잘 모르는 부분에서도 식품을 잘 보호해주고 있습니다. 과거에 비해 훨씬 가볍고 튼튼해진 유리병, 얇고 다양한 디자인의 음료캔, 라면을 맛있게 보호해 주는 알루미늄 증착필름, 봉지나 용기채로 전자레인지에 넣어도 안전하게 먹을 수 있는 식품 등. 우리가 잘 몰라도 이러한 것들을 사용하는 데는 전혀 불편이 없습니다. 하지만, 내가 만든 식품을 직접 포장하려면 그 원리나 방법을 간단하게는 이해하고 있어야 합니다.

이 책은 가볍게 들고 다니며 지하철이나 간단한 이동 중에도 읽을 수 있도록 만들어 내용이 식품포장학 전체를 설명하지는 못했지만, 식품이나 포장 기사나 기술사를 공부하시는 분, 또는 식품포장에 대해 관심이 있으신 분들께 도움이 되었으면 하는 바람입니다.

끝으로 이 책의 발간을 위해 많은 협조를 해주신 한국식품기술사협회와 석학당 여러분들께 감사드립니다.

2020년 1월

윤 상 진

차 례

chapter 04 식품을 포장하는 방법

chapter 05 친환경 포장

01 식품포장이란?

"포장?"

대량생산과 장거리 이송이 보편화된 현대사회에서 포장되지 않고 판매되는 제품은 찾아보기 어렵다. 마케팅 분야에서 이야기하고 있는 "제품(product)+포장(packaging)=상품(merchandise)"나 물류 분야에서 이야기하는 "물류는 제품이 움직이는 것이 아니고 포장이 움직이는 것"이라는 말이 당연하게 느껴지는 때이다.

한국산업규격(KS T 1001)에서는 포장(packaging)을 "물품의 수송, 보관, 취급, 사용 등에 있어서 그것의 가치 및 상태를 보호하기 위하여 적절한 재료, 용기 등을 물품에 부여하는 기술 또는 그 상태. 이것을 낱포장, 속포장, 겉포장의 3종류로 대별한다."라고 정의하고 있고, 한국산업규격에서는 낱포장, 속포장, 겉포장을 아래와 같이 설명하고 있다.

① 낱포장(Individual packaging, unit packaging)

물품 개개를 보호하기 위하여 적절한 재료, 용기 등을 물품에 부여하는 기술 또는 그 상태. 낱개 포장, 단위 포장이라고도 함. 상품으로서 표시 등 정보 전달의 매체로 이용할 수도 있다.

2 속포장(Inner packaging)

포장 화물 내부의 포장으로 물품에 대한 수분, 습기, 광열, 충격 등을 고려하여 적절한 재료, 용기 등을 물품에 부여하는 기술 또는 그 상태. 내부 포장이라고도 한다.

3 겉포장(Outer packaging)

포장 화물 외부의 포장으로 물품 또는 포장 물품을 상자, 포대, 나무통, 금속 캔 등의 용기 등에 넣거나 혹은 무용기 상태로 결속하여 기호, 화물표시 등을 부여하는 기술 또는 그 상태. 외부 포장이라고도 한다.

낱포장	속포장	겉포장

그림 1-1 포장의 종류

포장의 역할(기능)

포장기술의 발전에 의한 포장재의 강도 개선, 인쇄 기술의 발전, 포장재 자체의 기능성 강화 등에 의해 우리가 포장재에 기대하는 역할은 점점 늘어나고 있다. J. H. Briston은 포장의 첫 번째 기능을 "내용물의 보호 · 보전성", 두 번째 기능을 "취급 · 사용의 편리성", 세 번째 기능을 "판매촉진성"이라고 하고, 이것을 포장의 3대 기능이라고 하였다. 근대에는 포장재의 역할이 확대되어 "상품성과 정보성", "사회성과 환경친화성", "유통합리성과 경제성"의 3가지 기능을 더해 6대 기능으로 표현하고 있다.

1 내용물의 보호 · 보전성(Protection & preservation, Silent guardsman)

1) 물리적 요인에 대한 보호

① 많은 제품들은 떨어져서 부서지는 손상 이외에도 수분에 의해 녹이 슬거나, 색이 바래서 상품성이 떨어지는 등 다양한 형태로 물리적인 손상을 입게 된다. 특히 식품은 수분에 의해 눅눅해지거나, 과일 등을 트럭으로 운송하거나 손으로 이송할 때 충격에 의해 터지거나 짓물러져 상품으로서의 가치를 잃는 경우도 있다(진동, 기계적 충격, 압축, 마모, 파손, 변형, 수분 등).

② 대책

- 충격에 대한 대책 : 에어백 포장(중공포장), 스티로폼, 골판지 상자, 펄프 몰드, 난좌 사용 등
- 수분에 대한 대책 : 수분흡수제(실리카겔), 방담필름 사용 등

2) 화학적 요인에 대한 보호

① 제품이 산소에 노출되거나, 직사광선, 햇빛, 형광등 불빛에 오랜 시간 노출되면 색이나 향이 변하거나, 플라스틱 등이 부스러지는 경우가 있다. 특히 식품의 색소나 지방은 이러한 영향에 민감하여 색이 변하거나 식품 중의 지방이 산화 될 수 있다(산화, 변질, 휘발, 부식 등).

② 대책

- 산소에 대한 대책 : 진공포장, 탈산소제 봉입포장, 질소충전 포장, 알루미늄 또는 실리카 증착필름 사용 등
- 빛에 대한 대책 : 갈색병이나 알루미늄캔 사용(맥주), 알루미늄 증착 필름, 종이 덮개 사용 등

3) 생물학적 요인에 대한 보호

① 식품은 세균, 효모, 곰팡이에 의한 부패는 말할 것도 없이 여러 곤충이나 동물들에게도 좋은 먹이가 된다. 생물학적 피해를 방지하기 위해서는 포장내부의 산소를 최

대한 제거하여 호기성 미생물의 증식을 막거나, 포장하기 전에 식품과 포장재에 있는 미생물을 충분히 살균하거나 냄새가 포장재 밖으로 나오지 않도록 밀봉하는 여러 가지 방법이 고려되어야 한다(부패균, 벌레 등).

② 대책

- 미생물에 대한 대책 : 무균 또는 무균화 포장, Hot filling, 포장 후 살균, 항균 포장 등
- 벌레, 동물에 대한 대책 : 포장재 강도 개선(화랑곡나방 애벌레), 기체(냄새) 차단성 포장재 사용, 탈산소제 봉입포장 등

4) 인위적 요인에 대한 보호

① 포장은 제품의 위조, 변조나 도난을 방지하고, 어린이들의 잘못된 사용을 방지하는 역할을 한다.

② 대책

- 위조, 변조에 대한 대책 : 변조방지(Pilfer proof) 포장, 홀로그램 등
- 식품테러 : 변조방지 포장
  어린이의 잘못된 사용 : 어린이 보호포장(워셔액 뚜껑 등)
- 도난 : 블리스터(Blister) 포장(작은 제품의 부피를 크게 해서 훔치기 어렵게 한다.)

2 취급 · 사용의 편리성(Convenience, Silent helpman)

포장은 쌓기 쉽거나 뜯기 쉽거나 분리수거하기 쉬운 것 등 생산된 후, 유통, 판매, 소비 및 폐기과정이 어렵지 않도록 배려할 필요가 있다. 특히, 장애인이나 고령자, 어린이들도 사용하기 쉽도록 설계되어야 한다.

1) 열기 쉬운 포장 : Easy peel, easy cut, Easy open end 등
2) 쌓기 쉽고, 이동하기 쉬운 포장 : 규격화된 골판지 상자, USL(Unit load system) 등
3) 장애인을 위한 포장 : Barrier free, Universal design
4) 보기 쉬운 포장 : 투명 필름, 투명 페트(PET)병 등

5) 재밀봉하기 쉬운 포장 : 페트병, 지퍼포장 등

6) 분리수거하기 쉬운 포장 : 단일재질 포장재, 비중 차이에 의한 분리, 포장재 재질 표시 등

3 판매 촉진성(Sales promotion, Silent salesman)

소비자가 제품을 접할 때 가장 먼저 보게 되는 것은 포장이다. 포장의 인쇄, 형태 등은 상품이미지를 상승시켜 제품을 차별화시키면서 소비자에게 구매충동을 일으킬 수 있다(광고, 전시 효과).

4 상품성 · 정보성(Communication & Information, Silent communicator)

포장에는 상품의 정보(법적 표기사항 포함) 및 취급 시 주의사항, 분리수거 등을 위해 포장재가 어떤 재질로 만들어져 있는가도 표시할 수 있다. 또한 취급 시 다른 제품과 혼동되지 않도록 하는 역할도 한다(상품표시, 하역취급표시, 포장재료 설명 등).

5 사회성과 환경친화성(Environment friendly, Silent environment friend)

노약자, 장애인을 포함한 모든 사람들이 편리하게 사용할 수 있는 배리어프리(Barrier free), 유니버설 디자인(Universal design)은 사회성에, 과대 · 과잉포장을 배제한 적정포장, 포장재의 재사용 · 재활용, 분리수거가 쉬운 단일재질 포장재, 생분해성 플라스틱과 같은 폐기하기 쉬운 포장재는 환경친화성에 기여한다.

6 유통합리성과 경제성(Total cost, Silent economizer)

"물류는 상품이 움직이는 것이 아니라, 포장이 움직이는 것이다."라는 말이 있다. 규격화된 포장단위는 한 번에 많은 양의 제품을 안전하게 운송할 수 있어 물류의 total cost를 절감한다. 또한 작업 중 트러블 감소와 작업성 향상, 가공 및 포장비용의 감소도 경제성에 기여한다.

> **메모** 산업혁명 이전에는 상품의 이동거리가 길지 않아 포장의 중요성이 크게 느끼지 못하였으나, 산업혁명 이후 장거리 이동할 때 제품이 안전하게 이송될 수 있도록 다양한 포장방법이 개발되었으며, 1973년의 1차, 1978년의 2차 오일쇼크 이후에는 한 번에 많은 양을 이송할 수 있도록 포장을 기계화, 합리화, 표준화한 ULS(Unit load system)의 필요성이 대두되었다.

"식품포장?"

식품의 포장을 설계할 때에는 "식품이 어떠한 특징을 가지고 있는가.", "어떠한 조건, 환경에서 유통되는가.", "어떠한 방법으로 관리, 사용될 것인가."를 파악하고 이러한 조건에 맞는 포장재를 선택하여야 한다. 또한 식품의 포장재는 몇 가지 꼭 필요한 조건이 있어 이러한 것들도 염두에 둘 필요가 있다.

1 식품포장재의 조건

1) 위생성 · 안전성

식품포장재는 식품과 직접 닿기 때문에 인체에 유해한 물질이 함유되어 있거나, 식품의 수분 등 식품성분과 반응하여 녹이 슬거나 성분이 용출되어서는 안 된다. 그래서 식품위생법에서는 "기구 및 용기포장의 기준 및 규격"을 정해 이를 관리하고 있다.

2) 보호성

식품포장재는 산소, 빛, 열, 추위, 충격, 압력 등 물리적인 요소와 산, 염분, 기름 등 화학적 요소로부터 식품을 보호하여 내용물의 품질 저하를 방지할 수 있어야 한다.

3) 안정성 · 작업성

포장재는 유통이나 소비자의 취급 도중에 쉽게 찢어지거나 손상되지 않을 정도의 충분한 강도와 유연성을 가져야 한다. 특히 내용물이 날카롭거나 딱딱해서 외부의 물체와 부딪쳐서 손상될 수 있는 경우에는 그에 적당한 포장재를 사용해야 한다.

4) 편의성

포장재는 운송 및 사용할 때 편하게 사용할 수 있어야 한다. 최근에는 easy peel, easy cut, EOE(easy open end) 등 소비자가 편하게 포장을 열 수 있는 방법이 적용되고 있다.

5) 상품성

포장재가 깨끗해 보이는 것은 물론 도안이나 표시를 위하여 인쇄하기 쉬워야 한다. 포장재가 투명해서 내용물이 잘 보이는 것도 상품성을 높이는 좋은 도구가 된다.

6) 경제성

포장재는 자체의 가격이 저렴하고, 대량생산이 쉬워야하며, 공정 트러블이 적게 발생해야 한다.

메모

- easy peel open : 즉석밥, 연두부 등의 용기에 붙어있는 필름(lid)이 쉽게 떨어지게 한 것.
- easy cut : 커피믹스, 라면봉지 등 가위를 사용하지 않고도 손으로 쉽게 뜯어 사용할 수 있게 한 것.
- EOE(easy open end) : 맥주나 참치캔 등 뚜껑에 tab이 붙어있어 이것을 잡아당겨 쉽게 열 수 있게 한 것(EOE에는 pull tab, SOT(stay on tab)가 있다. pull tab은 과거에는 많이 사용되었으나, 떨어진 tab이 환경을 오염시키는 원인이 되어 지금은 사용되지 않고, 사용 후에도 tab이 뚜껑에 그대로 붙어있는 SOT가 사용되고 있다).

2 식품의 유통기한에 영향을 미치는 요인

표 1-1 유통기한에 영향을 미치는 내부적, 외부적 요인

내부적 요인	외부적 요인
원재료	제조공정
제품의 배합 및 조성	위생수준
수분함량 및 수분활성도	포장 재질 및 포장방법
pH 및 산도	저장, 유통, 진열조건(온도, 습도, 빛, 취급 등)
산소의 이용성 및 산화환원 전위	소비자 취급

식품, 축산물 및 건강기능식품의 유통기간 설정실험 가이드라인(식약처) 참조

인 쇄

제품을 구입할 때 시각적 요소를 만족시켜주는 가장 중요한 요소 중 하나가 인쇄이다. 하지만, 골판지 포장과 같은 2차, 3차 포장의 인쇄는 식품의 위생적인 면과는 거의 상관이 없겠지만, 식품을 직접 감싸고 있는 1차 포장의 인쇄는 적절하게 관리가 되지 않으면 인쇄 시 사용된 용제 등에 의해 이취의 원인이 되거나 유해물질 혼입의 원인이 되기도 한다.

포장 산업에서 포장재 자체는 단일재질 포장재 사용, 포장재 사용량 감소, 재활용이 쉬운 포장재의 사용 등 많은 노력이 이루어지고 있지만, 또 다른 환경오염의 원인인 인쇄분야에서는 변화가 별로 눈에 띄지 않는다. 과도한 인쇄는 포장재의 강도를 약하게 하고, 잉크 성분이 자연계로 배출되어 환경을 오염시킬 수 있으므로 친환경적인 인쇄방식과 잉크의 사용을 고려할 필요가 있다. 실제로 2015년 국내의 한 제과회사에서는 디자인 간소화로 인쇄도수를 연간 120톤의 잉크 사용량을 줄이겠다는 목표를 세워 소비자들의 호응을 얻기도 하였다.

1 인쇄방법의 종류

인쇄를 위해서는 인쇄할 원고, 판(인쇄방식), 인쇄잉크, 피인쇄체(종이, 플라스틱, 금속, 유리 등)와 인쇄기계가 필요하며 이것을 인쇄의 5가지 요소라고 한다. 여기서 원고, 잉크, 피인쇄체, 인쇄기계는 공통적인 요소로 인쇄방법을 구분할 때는 판(인쇄방식)으로 구분하고 있다. 전통적으로는 접촉 인쇄 방식이 사용되었으나 최근에는 가정에서 사용하는 잉크젯 프린터나 Digital 인쇄 등 비접촉 인쇄방식도 증가하고 있고 있다.

1) 볼록판 인쇄(Flexo 인쇄)

초등학교에 다닐 때 조각칼로 나무나 고무판을 파고 튀어나와 있는 부분에 잉크를 바른 후 인쇄하는 판화를 해본 경험이 있을 것이다. 이렇게 볼록하게 나와 있는 부분에 잉크를 바르고 인쇄하는 방식을 볼록판 인쇄라고 하며 후렉소(Flexo)인쇄가 가장 대표적인 방식이다. 상업적으로는 나무판을 사용하지는 않고, 대부분 고무판이나 감광성 수지판이

표 1-2 인쇄방법의 종류

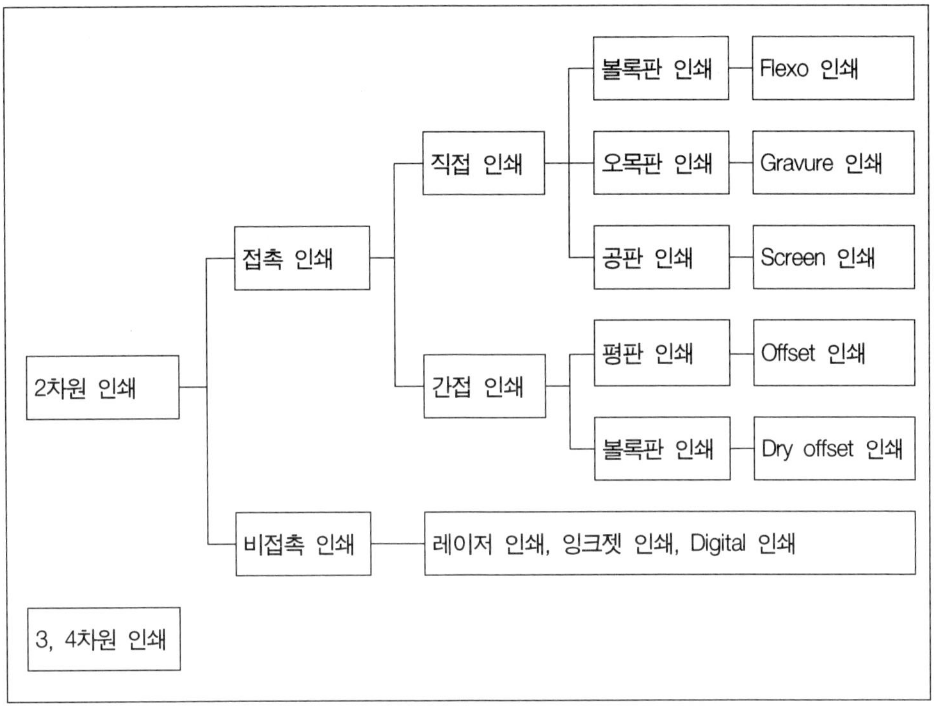

이용되고 있다. 고무나 수지판을 사용하기 때문에 세밀한 문자의 인쇄에는 부적합하고 사용되는 잉크에 제한이 있으나, 인쇄판을 빨리 만들 수 있고, 디자인을 변경하거나 삭제할 때 부분적으로 수정하는 것도 가능하며, 제판비가 그라비어인쇄에 비해 저렴하다. 그라비어인쇄와 달리 수용성 잉크를 사용하여 폭발위험이 없고 친환경적이라 유럽이나 미국 등에서는 사용비중이 증가하고 있다.

국내에서는 골판지 인쇄가 후렉소인쇄의 절반 이상을 차지하고, 기타 종이나 액체용기의 인쇄분야에도 사용되고 있다.

참고 동영상
https://www.youtube.com/watch?v=hTF_fgpWoTo
https://www.youtube.com/watch?v=9pocAG01M5s

2) 오목판 印刷(Gravure 인쇄)

금속으로 된 원통을 이용하는 방법으로 금속의 원통 위에 인쇄될 내용을 산 등을 이용하여 부식시킨 후, 오목하게 파인 부분에 잉크를 채워 넣어 인쇄하는 방법이다. 최근에는 부식시키는 방법 대신 다이아몬드나 레이저가 부착된 엣칭기(Etching)로 조각하는 전자 조각법이 이용되고 있다. 금속으로 된 판을 사용하기 때문에 오랜 시간 인쇄기의 운전이 가능하고, 점도가 낮은 용제타입의 잉크를 사용하기 때문에 세밀한 부분도 인쇄가 가능한 장점이 있다. 하지만 금속판의 제작기간이 길고, 디자인 변경 및 삭제 시 수정을 할 수 없어 매번 금속판을 다시 제작해야하는 문제, 금속판의 가격이 비싼 단점이 있다. 또한 비점이 낮은 용제를 사용하여 건조 장치와 방폭, 방화설비가 필요하고 VOCs(휘발성 유기화합물, Volatile organic compounds)의 배출 우려가 있기 때문에 유럽이나 미국 등에서는 사용 비중이 줄어들고 있다.

주로 과자, 식품, 세제 등의 플라스틱 필름의 인쇄에 많이 사용되고 있다.

참고 동영상
https://www.youtube.com/watch?v=wsX6uaKNZ2k

3) 공판인쇄(Screen 인쇄)

과거에 비단(Silk)을 사용하였기 때문에 지금까지도 실크스크린(Silk screen) 인쇄라고 불리는 방식이다. 물론 지금은 폴리에스테르나 나일론, 스테인리스 등의 저가의 스크린을 사용하고 있다. 고속인쇄가 어렵기 때문에 현재는 많이 사용되지는 않지만, 잉크의 두께를 두껍게 조절할 수 있고, 곡면 인쇄도 가능하여 샴푸통, 치약 튜브, T-셔츠, 에코백 등의 손으로 만지면 볼록한 느낌을 느낄 수 있는 고급스러운 인쇄를 할 수 있는 장점이 있다. 수입 맥주병에서 볼 수 있는 유리병에 직접 인쇄하는 방법인 ACL(Applied ceramic label)도 공판인쇄의 일종이다.

참고 동영상
https://www.youtube.com/watch?v=mXnZH-h4KQw

4) 평판인쇄(Off-set 인쇄)

Off-set인쇄 방식은 판에 높고 낮은 부분이 없어 평판인쇄라고 한다. 판의 표면을 화학적으로 처리하여 잉크가 부착될 친유성 인쇄부분과 부착되지 않을 친수성 부분을 만들어 물과 유성잉크의 반발력을 이용하여 인쇄하는 방식이다.

이 방식은 후렉소인쇄나 그라비어인쇄, 실크스크린 인쇄와 같이 인쇄될 내용이 직접 피인쇄체에 인쇄되는 방식이 아니고, 일단 블랭킷(Blanket)이라고 하는 수지나 고무판에 인쇄된 후 고무판의 인쇄 내용이 피인쇄체에 다시 인쇄되는 방식으로 간접인쇄방식이라고 한다. 인쇄기가 복잡하고, 물을 사용하여 잉크의 건조에 시간이 걸리는 단점이 있으나 인쇄판을 만드는 것이 다른 인쇄방식에 비해 쉬워 소 lot 생산에 많이 이용되고 있다.

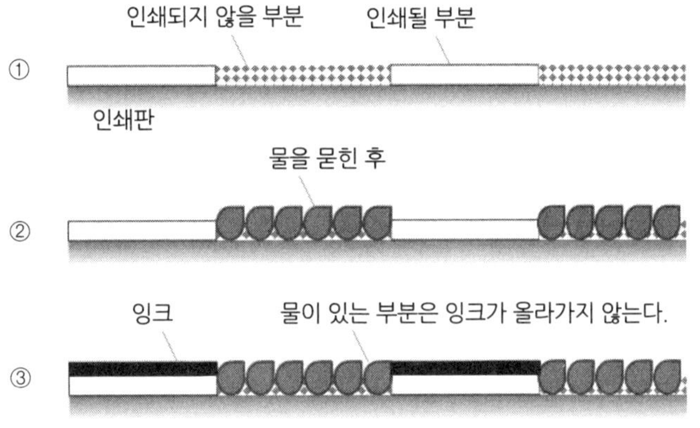

그림 1-2 Off-set 인쇄의 원리

참고 동영상
https://www.youtube.com/watch?v=5LMU-zB8Sro

5) 드라이오프셋인쇄(Dry-offset 인쇄)

주로 알루미늄캔, 일회용 컵, 플라스틱 튜브 등의 곡면에 인쇄하는 방식이다. 오프셋인쇄와 같은 간접인쇄 방식이나 볼록판 인쇄로 고무판에 인쇄를 한 후 그 내용을 피인쇄체로 다시 인쇄하는 방식으로 크게는 볼록판 인쇄로 구분된다.

참고 동영상
https://www.youtube.com/watch?v=G_EUkAnUlIE

2 인쇄잉크

인쇄잉크는 전색제(Vehicle)에 착색제(염료, 안료)를 분산시킨 후 용제, 보조제 등을 넣어 유동성과 물성을 준 것이다.

1) 전색제

전색제는 안료를 분산시키는 액상 성분으로 안료를 옮기는 역할을 한다고 하여 "Vehicle"이라고 불린다. 후렉소인쇄에서는 주성분은 천연 또는 합성수지이고, 그라비어 인쇄는 천연 및 합성수지와 용제, 오프셋인쇄에서는 건성유(아마인류 등), 수지(말레인산계) 또는 건성유와 수지를 조합한 것이 사용된다.

2) 착색제

착색제는 염료와 안료로 구분되며, 안료는 다시 유기안료와 무기안료로 구분된다. 염료는 물이나 유기용제에 녹는 반면에 안료는 녹지 않고 미립자 상태로 전색제에 미세 분사하여 사용된다. 염료는 내약품성이 약하고, 냄새의 전이(migration)를 일으킬 가능성이 있어 식품포장에는 잘 사용되지 않고, 무기안료는 독성이 있는 것들이 많기 때문에 몇 가지를 제외하고는 주로 유기안료가 사용되고 있다.

3) 용제

후렉소인쇄에서는 용제로 물, 알코올 또는 물과 알코올의 혼합제가 사용된다. 그라비어인쇄는 알코올, 에스테르, 케톤, 탄화수소 등의 휘발성 유기화합물(Volatile organic compounds, VOCs)이 사용되기 때문에 이 용제의 회수와 처리 방법이 필요하다. 오프셋 인쇄는 석유계 용제를 사용한다.

4) 보조제

잉크의 특성인 잉크적성, 인쇄적성, 건조성, 후가공성, 뒷묻음 방지 등의 목적으로 사용되는 물질로, 잉크적성을 위해서는 계면활성제, 인쇄적성을 위해서는 대전방지제, 소포제 등이 이용된다.

02 식품을 포장하는 재료 (플라스틱 제외)

유리병

유리는 기원전 3,500년경부터 사용되었다고 예상될 정도로 매우 긴 역사를 갖는 포장재이다. 유리병이 현재처럼 병조림의 형태로 사용된 것은 나폴레옹 시대로, 나폴레옹은 전쟁을 위해 장거리 이동 시에도 보존이 가능하고 간단하게 먹을 수 있는 식품의 개발을 위해 거액의 현상금을 걸었고, 1804년 프랑스의 니콜라 아페르(Nicholas Appert)가 식품을 넣고 밀봉한 후 가열 살균하는 방법을 발명하면서 시작되었다.

유리병은 사용 후 재사용 및 재활용이 모두 가능한 친환경적인 포장재이다. 깨지기 쉽고, 무거워 휴대하기 어려운 단점이 있지만, 최근에는 여러 가지 Coating 및 플라스틱 강화법 등의 기술을 적용해 강하고 가벼운 유리병이 만들어지고 있다.

유리용기는 소다석회유리(Soda-lime glass), 붕규산유리(Ampoule용), 납유리(Crystal) 등 여러 가지가 사용되고 있으나, 포장에 주로 사용되는 것은 소다석회유리 이다.

1 유리병의 원료(소다석회유리)

유리병은 규사(Silica sand, SiO_2), 소다회(Soda ash, Na_2CO_3), 석회석(Limestone,

$CaCO_3$)과 파유리(Cullet)의 4대 주원료와 망초, 착색제 등의 부원료로 만들어진다. 가장 중요한 원료인 규사는 녹는점이 1,700℃로 매우 높아 온도를 높이기 위한 에너지 비용이 많이 드는 문제가 있어, 소다회와 석회석을 넣어 녹는점을 낮추고 성형성을 좋게 한다. 파유리는 깨진 유리조각을 의미하며 이미 주원료가 모두 들어있는 상태이기 때문에 원료 배합이 쉽고, 자원 재활용의 효과도 크며 용광로(Furnace) 내부의 침식을 방지하는 효과도 있다. 최근에는 파유리를 90% 이상 사용하는 친환경 병(eco bottle)도 만들어지고 있다. 부원료인 망초는 용해된 유리에 함유된 기포를 없애기 위해 사용된다.

2 유리병의 제조공정

원료조합 → 용해 → Gob 성형 → 병 성형 → 서냉 → 검사 → 가공 → 포장

1) 원료조합

소다석회유리는 파유리를 제외할 경우 주원료로 규사(68~73%), 석회석(10~13%), 소다회(10~15%), 부원료로 망초, 수산화알루미늄, 색소 등이 사용된다.

2) 용해

혼합된 원료를 1,550~1,600℃에서 용해시킨다. 유리가 완성된 후에는 색과 명도를 맞추기 어려워 이 과정에서 착색제 등을 넣어 조절한다.

3) Gob 성형

용해된 유리물은 포어허스(Forehearth)라는 구멍을 통해 이송되어 1,100~1,200℃ 정도로 온도가 조정된 후 스틸 커터(Steel cutter)로 일정한 무게로 잘려 유리병 1개를 만드는 분량의 Gob을 성형한다.

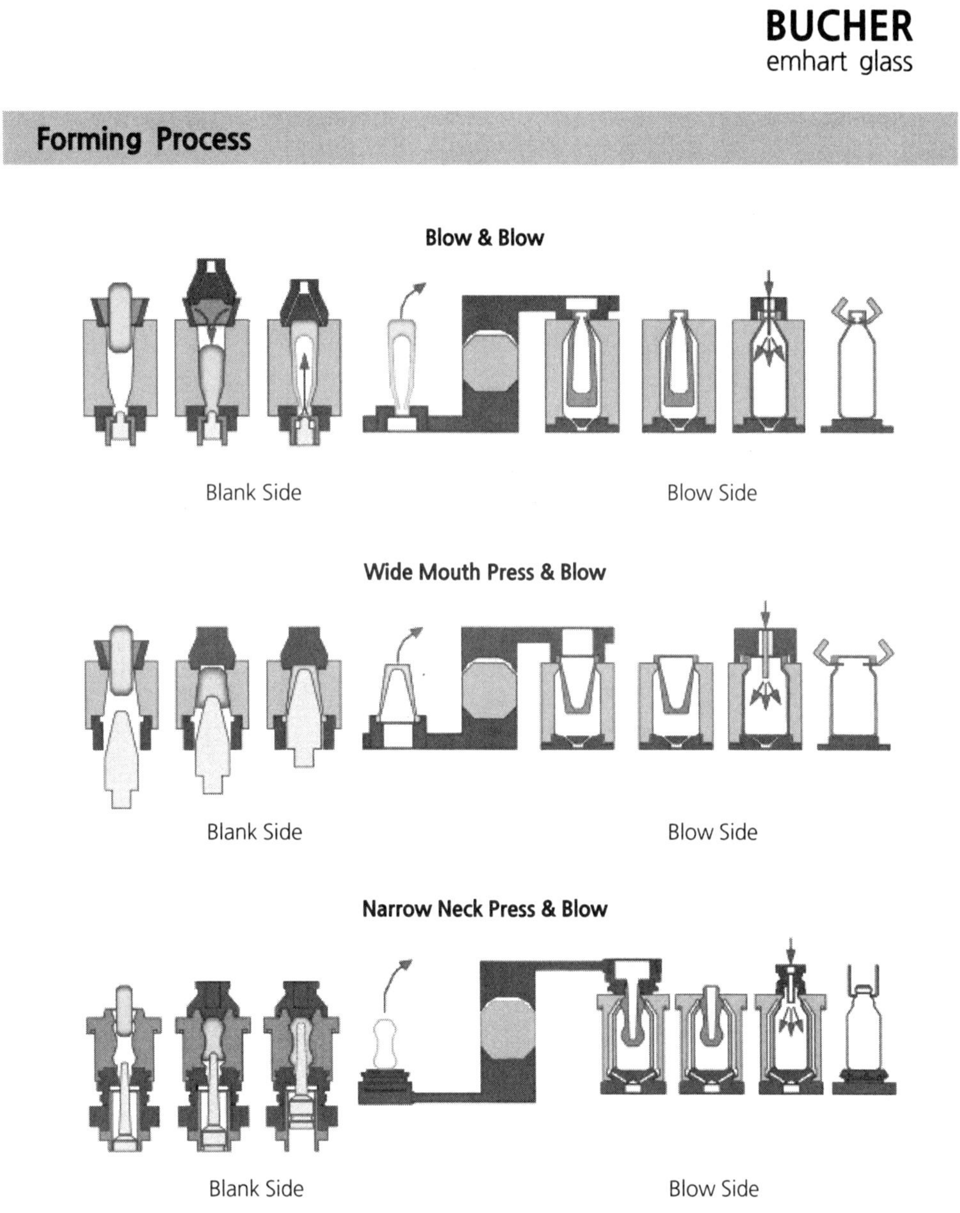

그림 2-1 유리병의 성형 방법(https://www.emhartglass.com)

4) 성형

① B&B(Blow and blow) 방식

맥주, 소주병 등 입구가 좁은 병(협구병) 제조에 적용되며, 예비금형(Mold)인 블랭크 몰드에서 용해된 유리덩어리(Gob)에 압축된 공기를 불어넣어 병의 예비형태인 패리손(Parison)을 만들고, 가공금형에서 다시 압축공기를 불어넣어 금형에 맞는 완제품을 만드는 방법이다. 압축공기를 불어넣어 형태를 만들기 때문에 병의 안쪽 면이 너울이 울 듯 고르지 않은 단점이 있다.

② P&B(Press & blow) 방식

잼병 등 입구가 넓은 병(광구병) 제조에 적용되며, 플런저(Plunger)라고 하는 금속봉으로 용해된 유리덩어리를 눌러 패리손을 만들고, 압축공기를 불어넣어 금형에 맞는 완제품을 만드는 방법이다. B&B 방식과 달리 병의 안쪽 면이 고르다.

③ NNP&B(Narrow neck press & blow) 방식

B&B 방식으로 만들어진 병의 단면이 고르지 않은 단점을 보완하기 위해 개발된 방법으로, 협구병이지만 플런저로 용해된 유리덩어리를 눌러 패리손을 만들고, 압축공기 불어넣어 금형에 맞는 완제품을 만드는 방법이다. 병의 안쪽 면이 고르고 강도가 약한 부분이 없어 경량병 제작에 적용된다.

5) 서냉

성형된 병을 갑자기 식히면 병이 옆으로 꺾이는 등 형태를 유지하지 못하는 경우가 있다. 이렇게 급냉에 의해 병이 변형되는 것을 방지하기 위해 서냉로에서 580℃ 정도로 재가열된 후 아주 천천히 온도를 낮춰가며 식히는 과정이다.

참고 동영상
https://www.youtube.com/watch?v=A_M8WBJMcM0
https://www.youtube.com/watch?v=A1W3_OCZRX0

3 유리병 강화 방법

유리병은 무겁고 깨지기 쉽기 때문에 많은 회사들은 가볍고 강한 병을 만들기 위해 많

은 노력을 하였다. 주요 강화방법으로는 병의 외면 처리, 내면 처리 및 플라스틱 등을 코팅하는 방법이 있다.

1) 병의 외면 처리

① Hot end coating(HEC)

성형된 직후의 병(500～600℃)에 사염화주석($SnCl_4$)나 사염화티탄($TiCl_4$)의 기체를 분사하여, 공기 중의 수증기와 반응시켜 병 표면에 수 nm 두께의 산화주석이나 산화티탄 피막을 만드는 방법이다. 병 표면을 미끄럽게 만들어 병에 생기는 상처를 줄이는 역할을 한다. HEC는 표면보호, 강화 목적 외에도 코팅층을 두껍게 하여 경량병을 만드는데도 적용되고 있다. 대표적인 예로는 일본의 맥주병 대병(640mL)을 만들 때 사용되고 있다.

② Cold end coating(CEC)

서냉로의 출구 부근에서 병의 표면에 스테아린산, 왁스, 실리콘 또는 폴리에틸렌의 수용액을 뿌려서 코팅하는 방법이다. HEC와 마찬가지로 표면을 미끄럽게 하고 병에 생기는 상처를 줄이는 것이 목적이다

③ Dual coating

Cold end coating과 hot end coating을 모두 하는 방법이다.

참고 동영상
https://www.youtube.com/watch?v=R2if4MXm0aU
https://www.youtube.com/watch?v=T-_LPCMSO3I

Hot end coating	Cold end coating

그림 2-2 Hot end coating과 cold end coating 장치

2) 병의 내면처리(Dealkalization)

① Blooming

서냉로 입구(550~600℃)에서 병 내부에 SO_2 기체를 불어넣어 유리성분 중의 나트륨을 제거하여 화학적 강도를 강화하는 방법이다. 그 결과로 유리표면에 흰색의 Na_2SO_4와 $CaSO_4$ 결정체가 생기고, 이 결정체는 물로 씻어내면 쉽게 닦인다.

② 불소화합물 처리

Blooming의 SO_2 대신 불소화합물을 처리하여 유리성분 중의 나트륨을 제거하는 방법이다. Blooming 처리와 달리 흰색 결정이 생기지 않아 물로 씻어낼 필요가 없다.

메모

음료병에 주로 사용되는 소다석회유리는 석회석과 소다회 사용으로 유리성분에 칼슘(Ca^+)과 나트륨(Na^+)이 함유된다. 보드카나 진 등의 증류주를 보관할 경우 중성인 pH, 알코올과 낮은 완충능력(Buffer)에 의해 알칼리 성분이 빠져나오고 pH가 높아져 유리의 작은 조각들이 떨어져 나오게 되며 이것을 웨더링(Whethering)이라고 한다. 병의 내면처리를 통해 미리 Ca^+와 Na^+를 제거하면 이러한 현상을 방지할 수 있다.

3) 레진(Resin) 코팅

유리의 표면에 레진을 코팅한 병으로 30회 이상 재사용이 가능하다. 하지만, 코팅층 분리가 어려워 재활용에는 적합하지 않다.

그림 2-3 레진 코팅병(Toyo-glass homepage 참조)

❹ 유리병 포장의 장점

1) 수분 및 기체차단성이 좋다.
2) 물, 산, 알칼리에 대해 일반적 조건에서 충분한 내구성이 있다.
3) 열에 충분히 강하여 고온살균이 가능하다.
4) 투명하여 내용물을 볼 수 있고, 용도에 맞게 착색도 가능하다(UV차단, 불투명병).
5) 가격이 저렴하다(운송비는 비쌈).
6) 재사용, 재활용이 가능하다.

❺ 유리병 포장의 단점

1) 부스러지거나 깨지기 쉬워 휴대가 어렵다.
2) 별도의 마개가 필요하다.
3) 상대적으로 꾸미기 어렵다.
4) 무겁고 부피가 커서 운송이 어렵다.

메모

세계의 많은 유리병 제조사는 원가절감을 위해 병의 강도를 떨어뜨리지 않고도 병을 경량화하기 위한 많은 노력을 하고 있다. 스위스의 Emhart사는 경량화지수를 정하였고, 대부분의 회사는 이 지수를 따르고 있다.

Emhart 경량화지수(L) = 0.44 × 질량 × 최대용량$^{-0.77}$

초경량병은 0.7 미만, 경량병은 0.7 이상 1.0 미만, 표준병은 1.0 이상, 1.4 미만, 중량병은 1.4 이상이다. 국내에 유통되는 소주병은 1.33, 맥주병은 1.51 수준이다.

금속캔

금속으로 만든 통조림이 처음 사용된 것은 1810년으로 영국의 피터 듀란드(Peter Durand)가 처음으로 발명하였다. 1804년 프랑스에서 발명된 병조림은 밀봉이 잘되지 않고, 무겁고, 잘 깨지는 단점이 있었으나 금속캔은 이러한 문제를 대부분 해결하여 빠른 속도로 세계로 퍼져나갔다.

식품에 사용되는 금속캔에는 철계 재료로 만드는 3-piece 캔과 알루미늄으로 만드는 2-piece 캔이 있다. 철계 재료는 주석 코팅이 된 Tin plate(양철)과 주석을 사용하지 않는 TFS(Tin free steel)이 있다. 최근에는 TFS나 알루미늄의 양쪽 면에 PET를 붙여 아주 얇게 만든 TULC(Toyo ultimate light can)가 일본에서 개발되어 사용되고 있으나, 국내에서는 재활용할 때 PET를 분리하는 것이 어려워 보급되지 않고 있다.

❶ 금속캔 재료별 비교

표 2-1 금속캔의 재료별 특징

	Tin plate	TFS	알루미늄
가격	알루미늄보다 저가	Tin plate보다 저가	고가이나 재활용 시 가격적으로 유리함.
재활용	자석으로 쉽게 제거 가능	자석으로 쉽게 제거 가능	자석으로 제거 안 됨.
무게	알루미늄보다 무거움	알루미늄보다 무거움	가장 가벼움
제품에 영향	절단면의 Fe가 노출되어 제품 산화 가능	절단면의 Fe가 노출되어 제품 산화 가능	Fe가 없어 제품 산화 안 됨.
인쇄	측면 접합이 있어 인쇄 시 접합선이 보임.	측면 접합이 있어 인쇄 시 접합선이 보임.	측면 접합이 없어 인쇄 용이
강도	강함	강함	약함

❷ 알루미늄캔(2-piece 캔)

알루미늄의 늘어나는 성질을 이용하여 알루미늄판을 타발(충격을 주어 늘리는 공정)하여 몸통과 바닥을 하나로 하여 컵처럼 만들고, 내용물을 넣은 후 뚜껑을 덮는 2-piece 캔으로 만들어진다.

주로 사용되는 알루미늄캔은 D&I(Drawn and ironing) 캔과 DRD(Drawn and redrawn) 캔이 있다. 주로 사용되는 것은 맥주, 음료캔 등 높이가 높은 형태의 D&I 캔이고, DRD 캔은 참치캔 등 높이가 낮은 형태의 캔에 사용된다.

1) D&I(Draw & ironing) 캔 제조공정

Uncoil → Cupping → Lubrication → Ironing → Trimming → Washing → **하부도료 도포, 인쇄, 건조** → **내부도료 도포** → Necking → **내외면 검사** → **포장**

① Uncoil : 코일모양으로 감겨있는 알루미늄판을 풀며 cupping machine에 장착한다.

② Cupping : Cupping machine으로 알루미늄판을 원형의 컵 모양으로 성형한다.

③ Lubrication : Ironing을 위해 성형된 cup에 윤활제를 도포한다.

④ Ironing : Body maker로 cup을 세로방향으로 얇게 늘리고, 바닥의 dome모양도 성형한다.

⑤ Trimming : 캔 상부의 필요 없는 불균일한 부분을 잘라낸다.

⑥ Washing : 캔에 묻어있는 윤활제를 씻어낸다.

⑦ 하부도료 도포, 인쇄, 건조 : 하부에 도료을 도포하고, 옆면에 디자인을 인쇄한다. 캔이나 종이컵과 같은 원형의 포장재는 Dry offset이라는 인쇄방법을 사용하며, 잉크는 UV 잉크를 사용하여 UV 터널을 지나며 바로 건조된다.

⑧ 내부도료 도포 : 캔 내부에 도료를 분무하고 건조시킨다.

⑨ Necking : 캔의 윗부분을 눌러서 캔 뚜껑과 결합할 수 있는 flange를 성형한다.

⑩ 내외면 검사 : 불량캔을 검사한다.

참고 동영상
https://www.youtube.com/watch?v=XuQg9FN4hsk

3 철계캔(3-piece 캔)

Tin plate나 TFS로 만드는 철계캔은 알루미늄처럼 늘어나는 성질이 없어 판을 둥글게 말아 용접 또는 접착해서 붙인 후 위아래 뚜껑을 결합시키는 3-piece 캔으로 만들어진다.

1) 3-piece 캔 제조공정

시트판 → **인쇄** → **절단** → **원통성형** → Side seam(**용접 또는 접착**) → Necking → **내외면 검사** → **포장**

① 시트판 : 시트판을 공정에 올린다.

② 인쇄 : 절단하기 전에 미리 도안을 인쇄한다.

③ 절단 : 도안에 따라 시트판을 절단한다.

④ 원통성형 : 절단된 시트판을 둥글게 말아 원통모양으로 한다.

⑤ Side seam : 옆면을 용접하거나 접착제를 이용하여 붙여 몸통 모양을 완성한다(3-piece캔은 side seam(그림 2-4 참조)이 있어 도안에 절단면이 있다).

⑥ Necking : 캔의 윗부분을 눌러서 캔 뚜껑과 결합할 수 있는 flange를 성형한다.

⑦ 내외면 검사 : 불량캔을 검사한다.

4 금속캔 포장의 장점

1) 빛, 기체, 수분에 대한 차단성이 우수하여 내용물을 장기간 안전하게 보존할 수 있다.
2) 내열성, 열전도성이 좋아서 고온가열 살균 후 급속냉각이 가능하고, 일부 식품은 조리와 살균을 동시에 하는 것도 가능하다.
3) 여러 가지 모양으로 성형이 가능하다(Bottle can, 엠보싱캔, Diamond cut 등).
4) 고속 작업이 가능하다(커피, 맥주캔 등은 1,500can/min까지 가능).
5) 유리에 비해 가볍고 충분히 강하다.

3-piece 캔(철계)	2-piece 캔(D&I)	2-piece 캔(DRD)

그림 2-4 금속캔의 종류

5 금속캔 포장의 단점

1) 금속이기 때문에 식품 또는 수분과 반응하여 부식될 수 있다(내 · 외부에 에폭시(Epoxy) 등을 코팅하여 사용한다).

2) 종이나 플라스틱에 비해 무겁다.

3) 내용물이 보이지 않는다.

메모

TULC(Toyo ultimate light can) : "털크캔"이라고 불리는 TULC는 일본 Toyo사에서 개발한 캔으로 위아래로 PET를 첩합한 TFS를 이용하여 만든다. PET가 윤활유 역할을 하여 타발할 때 윤활유를 도포하지 않아 캔을 만들 때 물 사용량과 CO_2 발생량을 획기적으로 줄일 수 있다. PET가 강도를 보강해주기 때문에 TFS판의 두께도 줄이는 효과가 있다. 맥주 등 산화에 민감한 제품을 위해 TFS 대신 알루미늄판을 사용한 α-TULC캔도 개발되었다.

종 이

우리 주변에서 자주 발견할 수 있는 포장재로는 일반 우유용 게이블탑(Gable top), 멸균유유용 테트라팩(Tetra pak), 과자 등의 1, 2차 포장에 사용되는 판지와 3차 포장에 사용되는 골판지 상자 등이 있다. 종이포장이라고는 하지만 내수성 강화를 위해 PE를 코팅하거나 테트라팩처럼 알루미늄 호일이 들어간 다층필름 등 기능성이 개선된 포장재도 계속 개발되고 있어 그 용도가 다양해지고 있다. 최근에는 종이 포장재의 재활용성이 주목받고 있어 빨대, 요구르트 용기 등 기존에 플라스틱 재질이 종이재질로 바뀌고 있다.

1 종이포장재의 장점

1) 가격이 저렴하고 구하기 쉽다.

2) 자동포장기에 적합하여 기계가공이 쉽다.

3) 통기성이 있어 호흡하는 청과물 등의 포장에 적합하다.

4) 구조적으로 다공질로 외압에 대한 완충 효과가 있다.

5) PE, 알루미늄 등과 적층이 가능해 새로운 기능을 부여하여 사용할 수 있다.

6) 친환경적이다.

② 종이포장재의 단점

1) 수분에 민감하고 잘 찢어지며, 빛, 기체 차단성이 나쁘다.

2) 재활용된 것은 식품용으로 적합하지 않다.

흡수성, 가스투과성, 불투명성, 흡유성은 장점이자 단점이 될 수 있다.

③ 종이용기

1) 카턴(Carton)

우유나 과즙음료는 게이블탑(Gable top)이나 벽돌형(Brick형)과 같은 카턴이 많이 사용된다. 테트라팩(Tetra pak)으로 알려져 있는 벽돌형은 PE/종이/PE/알루미늄 호일/종이로 적층되어 있는 구조로 무균충전 후 장기간 상온유통이 가능하다. 상부가 지붕처럼 생긴 게이블탑 방식은 저온유통용 우유에 사용되는 PE/종이/PE 재질과, 청주 등에 사용되어 상온유통이 가능한 PE/종이/알루미늄 호일/PET/PE 재질의 것이 있다.

2) 종이상자

과자 등의 속포장에 주로 사용되며 최근에는 외식산업에서 테이크아웃용으로도 많이 사용되고 있다.

3) 콤퍼지트캔(Composite can)

종이, 플라스틱, 금속 등을 조합시켜 만든 복합용기로 국내에서는 녹차, 포테이토칩 용기에서 볼 수 있다. 주로 겉면은 인쇄된 종이, 내면은 PET에 알루미늄이 증착된 것이 사용된다.

④ 골판지 상자

골판지 상자는 1871년 유리병을 보호하기 위한 포장을 위해 처음 개발된 것으로 알려져 있다. 현재는 거의 모든 제품의 외부 포장용으로 사용되고 있으며, 용도에 따라 단면,

양면, 이중양면 골판지 및 A, B, C골 등의 다양한 골판지가 사용되고 있다.

한국산업규격 KS T 1004에서는 골판지를 "밭고랑 모양으로 성형한 골심지의 편면 또는 양면에 라이너 원지를 붙인 것으로 다음의 종류가 있다. 편면 골판지, 양면 골판지, 2중 양면 골판지, 3중 양면 골판지. 또 주로 골판지 상자를 만드는데 사용하며, 용도에 따라 단위 포장용, 내부 포장용 및 외부 포장용 골판지로 구분한다."라고 정의하고 있다.

1) 골판지의 종류

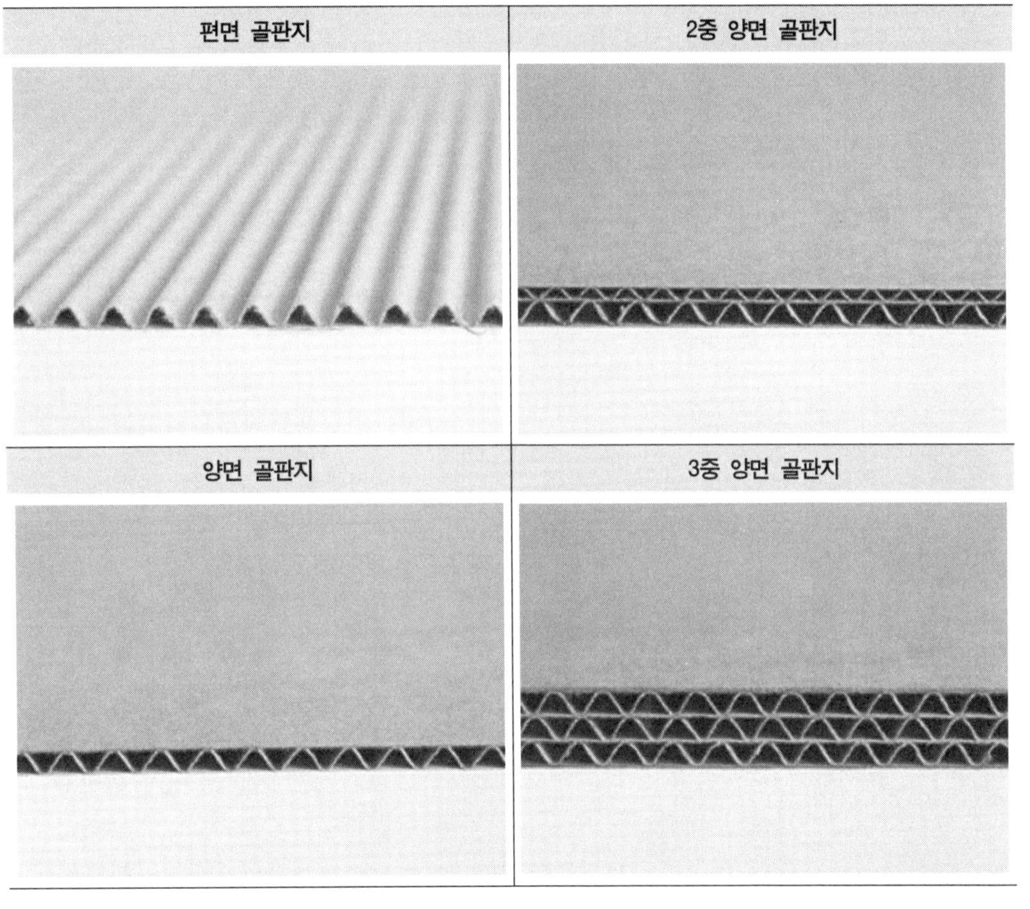

그림 2-5 골판지의 종류(사진 : 태림포장 홈페이지 참조)

2) 골의 크기에 따른 구분

표 2-2 골의 종류와 특징

골의 종류	골 수 (30cm당)	특 징	비 고
A	34 ± 2	수직압축강도, 완충성 좋음	General flute
B	48 ± 3	평면압축강도, 평행압축강도 좋음	
C	40 ± 2	A, B골 중간으로 미군이 군사물자 수송목적으로 개발	
E	93 ± 5	낱포장, 내부포장용 상자의 재료로 사용	Micro flute
F	120 ± 5	E, G골의 중간	
G	165 ± 3	아주 얇고, 가벼운 골판지로 판지에 대응용으로 개발	

03 식품을 포장하는 재료 (플라스틱)

플라스틱의 종류

플라스틱은 "신이 세상만물을 창조할 때 유일하게 빼먹은 물질"이라고 할 정도로 유용하게 많이 사용하고 있는 물질이다. 지금은 쌓여가는 쓰레기 때문에 환경오염의 주범으로 여겨지고 있지만, 시작은 당구공을 만들 때 사용되던 코끼리 상아를 대체한 물질로써 만들어졌다. 시작은 자연친화적인 물질로 시작하였지만, 과도한 생산과 사용으로 지금은 사회 문제가 되고 있다.

플라스틱은 열을 가하면 녹거나 부드러워지고 식으면 다시 딱딱해지는 열가소성(熱可

플라스틱의 종류

열가소성	범용수지	PE, PP, PET, PA, PVC, PS, PC, PLA 등
	엔지니어링 플라스틱	범용엔프라, 특수엔프라
열경화성	페놀 수지, 우레아 수지, 멜라민 수지, 폴리우레탄 수지 등	

PE : Polyethylene, PP : Polypropylene, PET : Polyethylene terephthalate, PA : Polyamide(Nylon), PVC : Polyvinyl chloride, PS : Polystyrene, PC : Polycarbonate, PLA : Poly lactic acid

塑性, thermoplastic) 플라스틱과 처음 열을 가했을 때는 부드러워지지만 재가열가면 다시 부드러워지지 않는 열경화성(熱硬化性, thermoset) 플라스틱이 있으며, 식품포장에 사용되는 것은 주로 열가소성 플라스틱이다.

포장에 사용되는 플라스틱은 필름(Film), 시트(Sheet), 용기로 나눌 수 있으며 두께가 0.25mm(0.01 inch) 미만인 플라스틱 막 모양인 것을 플라스틱 필름(Plastic film), 두께가 0.25mm 이상인 얇은 판 모양인 것을 플라스틱 시트(Plastic sheet)라고 한다. 플라스틱 용기에는 병(Bottle), 튜브(Tube), 컵(Cup), 트레이(Tray), 컨테이너(Container) 등이 사용되고 있다.

열가소성 플라스틱의 종류

열가소성 수지의 종류

- 첨가축합 폴리머(Additional polymer)
  - PE, PP, PVC, PS
- 축합중합 폴리머(Condensational copolymer)
  - PET, Nylon
- Copolymer
  - EVOH

1 첨가 축합 폴리머(Additional polymer)

모노머(Monomer) 사이의 부가적인 생성물 없이, 이중 결합을 가지고 있는 모노머들이나 두 가지 종류의 관능기를 갖는 모노머들이 서로 연결되어 폴리머(Polymer)를 형성한 것으로, 일반적으로 강도나 차단성이 낮다.

1) 폴리에틸렌(PE, Polyethylene)

폴리에틸렌은 플라스틱 봉투(비닐봉지)나 플라스틱 용기 등을 만들 때 많이 사용되며, 종이컵의 물과 닿는 부분이나 종이팩 우유 등의 안쪽에 첩합되어 사용된다. 탄소(C)와 수소(H)만으로 구성되어 인체에 무해하고, 무미 무취할 뿐 아니라 과자봉투 등의 봉합면을 열로 접착할 때 밀봉이 잘되는 장점이 있어 식품과 직접 접촉되는 포장재 안쪽 부분에 많이 사용된다. 선형저밀도, 저밀도, 중밀도, 고밀도 폴리에틸렌으로 구분되며 선형저밀도나 저밀도는 주로 필름류, 고밀도는 주로 용기류를 만들 때 사용된다. 비중이 0.926~0.965로 여러 플라스틱 수지 중 PP(폴리프로필렌) 다음으로 가볍고, 물에 뜨는 성질이 있다.

산소, 이산화탄소 등의 가스를 차단하는 능력, 내열성, 내유성은 좋지 않으나, 방습성, 내수성, 내산성, 내알칼리성, 열밀봉성(Heat seal성), 내충격성, 내한성이 우수하다. 태우면 물(H_2O)과 이산화탄소(CO_2) 이외에 발생되는 것이 없어 친환경적이기도 하다.

투명도는 약한 흰색으로 PP에 비해서는 투명하지 않다.

① 고밀도 폴리에틸렌(HDPE, High density polyethylene)

반투명 고체로 강도가 강해 용기, 뚜껑류를 만들 때 주로 사용된다. 비중은 0.941~0.965, 녹는점은 130~134℃이다.

② 저밀도 폴리에틸렌(LDPE, Low density polyethylene)

투명한 고체로 필름 또는 용기(막걸리병)를 만드는데 사용된다. 비중은 0.910~0.925, 녹는점은 110℃이다.

③ 선형저밀도 폴리에틸렌(LLDPE, Linear low density polyethylene)

메탈로센(Metallocene) 촉매를 사용하여 일반 PE보다 분자의 가지가 매우 적은 저밀도 필름이다. 투명한 고체로 일반 LDPE와 구별은 어렵다. 강도가 강하며, 내충격성, 내열성이 우수하다. 첩합 필름의 접착제(Sealant)로도 사용되고 있다. 비중은 0.926~0.940, 녹는점은 118~125℃이다.

2) 폴리프로필렌(PP, Polypropylene)

가장 가벼운 플라스틱(비중 0.9~0.91)으로 물에 뜨는 성질이 있고, 착색이 쉬워서 포장재로 널리 사용되고 있다. 폴리에틸렌과 마찬가지로 탄소와 수소만으로 구성되어 인체에 무해하고, 무미무취하여 식품과 직접 접촉되는 곳에 많이 사용된다.

아이스크림, 과자포장지, 채소를 담는 비닐, 빨대, 라벨 등 제조에 사용되며, 탄소와 수소 외 불순물이 없고, 높은 열에도 잘 견뎌서 인체에 무해하다.

① CPP(Casting polypropylene, 무연신 폴리프로필렌)

T-die법으로 제조하며 투명도, 광택, 내습성, 내열성이 LDPE에 비해 우수하다. 열봉합성이 좋고 인체에 무해하여 식품과 접하는 필름의 내부에 사용된다. 산소나 이산화탄소 등의 가스차단성이나 기름성분의 차단성은 좋지 않다.

단체필름으로는 빵, 채소 및 열접착용으로 라면, 과자, 스낵용의 다층필름에 사용된다.

② OPP(Oriented polypropylene, 이축연신 폴리프로필렌)

CPP를 상하 · 좌우로 늘린 후 열을 가해 고정시킨 필름으로 일반적으로 두께 20μm ~60μm의 것이 식품용으로 많이 사용된다. CPP에 비해 잘 늘어나지 않고, 인장강도, 방습성, 투명성이 우수하다. 하지만 열밀봉성이 좋지 않아 내면필름으로는 잘 사용되지 않는다.

3) PVC(Poly vinyl chloride)

전기절연성이 아주 우수해서 전선피복에 자주 사용된다. 식품에서는 중국집 등에서 사용되는 랩에 많이 사용된다.

메모

비닐이란 말은 일본에서 하우스 농사를 위해 위에 PVC(폴리염화비닐) 필름을 덮기 시작하면서 이 말을 줄여 "비니루(ビニール)"라고 부르기 시작하였고, 이 말이 국내로 들어와 비닐봉지 등 플라스틱필름을 대표하는 말로 자리 잡았다. 하지만 국내에 하우스 농사가 도입되었을 때에는 이미 PVC 재질의 필름 대신 PE(폴리에틸렌) 필름이 사용되었기 때문에 소위 "비닐하우스"라는 것은 애초에 국내에 있지 않았다.

4) PS

다른 포장재에 비해 불투명한 재질로, 요구르트병이나 바나나우유 용기에서 볼 수 있다. PS는 가공방법에 따라 일반 범용으로 사용되는 GPPS(General purpose polystyrene)와 내충격성을 주기 위해 고무계수지를 섞은 HIPS(High impact polystyrene), 스티로폼으로 주로 불리는 발포 폴리스티렌(EPS, Expanded polystyrene)이 있다. 기체 차단성,

수증기 차단성이 나쁘고, 유기용제에 잘 녹는 단점이 있다.

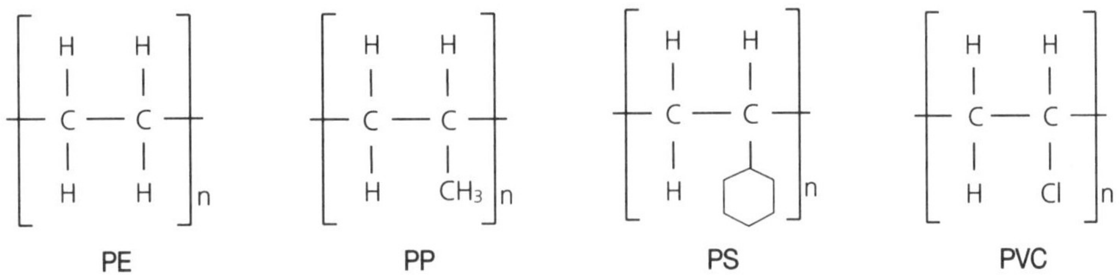

그림 3-1 대표적인 열가소성 플라스틱의 구조

2 축합중합 폴리머

두 개 이상의 기능기를 갖는 모노머들이 결합 과정에서 작은 생성물을 만들어 내며 결합한 폴리머(PET는 에스테르 결합을 하여 H_2O 생성)

1) PET(Polyethylene terephthalate)

기체차단성이 상대적으로 좋고, 알코올과 기름을 통과시키지 않으며 어느 정도 압력과 열에 강해 대부분의 음료수병에 사용되고 있으며, 유럽에서는 PETE라고 표기한다. 강도가 좋고 마모에도 강하기 때문에 필름이나 섬유용으로도 많이 사용된다.

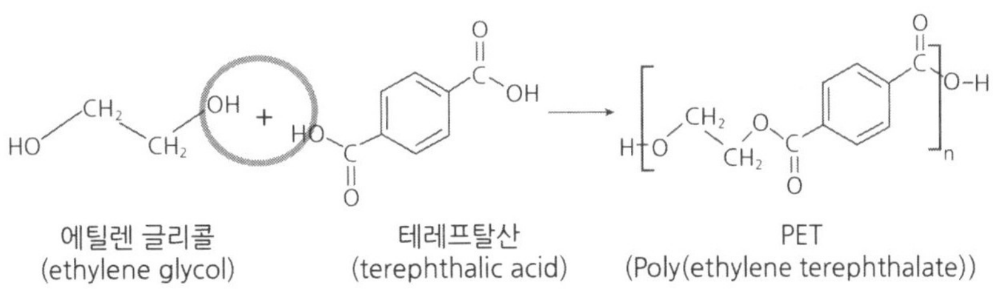

그림 3-2 축합중합에 의한 PET의 생성

2) PA(Polyamide, Nylon)

플라스틱 필름 중 강도가 가장 강하고, 내열성이 있어 충격에 대한 핀홀(pin hole) 가능성이 있는 제품의 포장에 주로 사용된다.

③ Copolymer

두 개의 다른 반복 단위로 연결되어 있는 폴리머

1) EVOH(Ethylene vinyl alcohol)

"EVAL"이라는 상품명으로 주로 판매되며, 기체차단성이 매우 우수하나, 수분에 약하고 방수성이 약해 단체 필름보다는 첩합 필름의 중간층으로 주로 사용된다. Ethylene과 vinyl alcohol의 중합체로 Ethylene의 함량에 따라 기체차단성에 차이가 있으며 Ethylene 함량이 낮을수록 차단성이 좋다. 마요네즈, 케첩, 소스 등의 포장에 주로 이용된다.

참고 자료
http://www.evalevoh.com/media/156403/01b_eval_-_us_-_letter.pdf

2) PVDC(Polyvinylidene chloride)

"SARAN"이라는 상품명으로 판매되며, 기체차단성, 방습성, 향기보존성이 매우 우수하다. KOPP, KPET 등 여러 가지 필름명 앞에 "K"가 붙어있는 것은 이 다른 필름에 이 PVDC를 코팅한 것을 의미한다. PVC와 마찬가지로 태우면 염소가스와 다이옥신이 발생하여 최근에는 사용량이 감소하고 있다.

바이오 플라스틱(Bio plastic)

우리가 사용하고 있는 플라스틱은 사용 후 소각되지 않으면 분해되지 않고 자연환경 속에 남아 있게 된다. 플라스틱 쓰레기가 늘어나며 매립할 장소도 추가로 확보하기도 어렵고, 매립된 플라스틱도 물이나 자외선에 의해 직경 5mm 이하의 미세플라스틱(Micro plastic)으로 분해되어 하천 등으로 흘러나가 생선의 몸 안에 축적되는 등 어려가지 문제가 발생하고 있다. 생분해성 플라스틱은 자연계에 존재하는 미생물에 의해 최종적으로 CO_2와 물로 완전히 분해되는 플라스틱으로 PLA(Poly lactic acid) 등 여러 가지가 개발되고 있다.

1 바이오플라스틱의 종류

1) 바이오 플라스틱(Bio plastic)

생분해성 플라스틱과 바이오매스(Biomass) 플라스틱의 총칭

2) 생분해성 플라스틱

일반적인 플라스틱과 같은 내구성을 갖고, 사용 후에는 자연계에 존재하는 미생물에 의해 최종적으로 CO_2와 물로 완전히 분해되는 플라스틱(생분해성에 주목)

3) 바이오매스 플라스틱

재생 가능한 Biomass 원료로 하여, 화학적 또는 생물학적으로 합성하여 얻을 수 있는 플라스틱으로 일반적으로는 Biomass 유래의 탄소와 석유 유래의 탄소가 혼합되어 있는 것도 바이오매스 플라스틱이라고 한다(원료에 주목).

2 사용되고 있는 바이오 플라스틱

1) PLA

옥수수나 감자의 전분을 발효시켜 만든 젖산(Lactic acid)을 에스테르 결합시켜 만든 대표적인 식물로 만든 생분해성 플라스틱이다. 태우면 이산화탄소와 물로 분해되고 땅에 묻으면 미생물 등에 의해 자연적으로 분해되어 친환경 소재로 주목받고 있다. 식품용으로는 종이컵의 내면코팅용으로 PE를 대체한 제품이 사용되고 있다. 고온다습한 조건에서는 분해되지만 토양에 매립하거나 물에 녹였을 때는 분해되지 않는다.

2) Bio polyethylene

사탕수수를 발효시켜 얻은 에탄올(Ethanol)을 이용하여 만든 플라스틱으로 생분해성은

낮아 Biomass 플라스틱이기는 하나 생분해성 플라스틱은 아니다.

3) PVA(Polyvinyl alcohol)

석유로 만든 플라스틱이지만 생분해성이 있어 생분해성 플라스틱이다.

4) Bio PBS

고온다습한 조건과 토양에 매립했을 때 분해되나 물에는 분해되지 않는다.

5) PHBH{(R)-3-hydroxybutyrate/(R)-3-hydroxyhexanoate}

일본 Kaneda사에서 만든 생분해성 biomass 플라스틱이다. (R)-3-hydroxybutyrate과 (R)-3-hydroxyhexanoate의 random co-polymer로 고온다습한 조건, 토양에 매립 시, 물에 넣었을 때 모두 분해된다.

표 3-1 바이오 플라스틱의 구분

	석유 유래	석유 유래 + Biomass 유래	Biomass 유래
생분해성 높음	생분해성 플라스틱 PVA PBAT PETS	Biomass base 생분해성 플라스틱 PBS PLA blend PBAT Starch blend polyester PBS	생분해성 Biomass 플라스틱 PLA PHBH PHA
생분해성 낮음	플라스틱 PE PP PET PVC PS 등	Biomass base 플라스틱 BioPET30 BioPA 610, 410, 510 BioPC 1012, 10T BioPU 등	Biomass 플라스틱 BioPE BioPET100 BioPA11 BioPA1010 등

출처 : 미쯔비시 종합연구소

첩합 필름(Laminated film)과 용기

❶ 첩합 필름(Laminated film)과 용기

플라스틱은 "신(神)이 세상만물을 창조할 때 유일하게 빼먹은 물질"이라고 할 정도로 용도가 다양하고 많은 장점을 갖고 있는 포장재이다. 하지만, 각각의 수지별로 보면 완벽하다고 말할 수 있는 것이 하나도 없다고 할 정도로 부족함이 많은 재료이기도 하다(ex. PE, PP는 내수성은 좋지만 기체 차단성 부족, EVOH는 기체차단성은 좋지만 수분에 약함, PET는 상대적으로 기체차단성이 좋지만, 완벽한 수준은 아님). 그래서 필요에 따라 성질이 다른 여러 가지 필름을 붙여서 각각의 필름의 장점을 살려서 목적으로 하는 성질을 살려서 포장재를 만들어 사용하며, 이러한 필름을 첩합 필름(Laminated film) 또는 다층 필름이라고 한다.

❷ 첩합 필름의 예

1) 과자봉투

PP(인쇄적성, 외부보호)+VMPET(빛, 기체, 냄새 차단)+PE(식품과 직접 접촉)

2) 레토르트 파우치

① PE(인쇄적성, 외부보호)+Ny(강도 강화)+알루미늄 증착필름(빛, 기체, 냄새 차단)+PP(밀봉성, 식품과 직접 접촉)

② 인스턴트 카레 : PET(내열성, 치수안정성)+ONy(강도 강화)+Al foil(산소, 수분, 빛 차단)+CPP(밀봉성, 식품과 직접 접촉)

③ 투명 레토르트(콩, 아스파라거스 등) : PET(내열성, 기체 차단성)+Ny(강도 강화)+CPP(밀봉성, 식품과 직접 접촉)

3) 쥐포

Nylon(핀홀 방지)+PE(식품과 직접 접촉)

4) 즉석밥 뚜껑

Nylon(핀홀 방지)+EVOH(산소 차단)+EPL(Easy peel lid)

5) 가다랑어포(가쯔오부시)

정전기방지 OPP(인쇄적성, 외부보호)+EVOH(산소 차단)+PE(봉합성 보충)+정전기방지 EVA(투명성, 저온 봉합성)

6) 냉동식품

Ny(강도 강화)+VMPET(차광성, 산소차단성)+LLDPE(밀봉성, 식품과 직접 접촉)

메모

- 플라스틱 필름(KS T 2101) : 두께가 0.25mm 미만의 플라스틱 막 모양인 것
- 플라스틱 시트(2102) : 두께가 0.25mm 이상인 플라스틱의 얇은 판 모양인 것
- 연신 필름(2103) : 플라스틱 필름을 기계적 가공 방향 또는 그것과 직각 방향으로 기계적으로 연신하여 기계적 강도나 수축 특성을 부여한 필름(Oriented film)
- 캐스트 필름(2104) : 라텍스, 용액 또는 용융 상태의 플라스틱을 연마한 금속 등의 표면에 유연하여 수분이나 용제를 증발 제거, 냉각하여 만든 필름(Cast film)
- 수축 필름(2105) : 플라스틱을 연화점보다 조금 낮은 온도로 1방향 또는 가로, 세로 2방향에 연신, 냉각하여 만들고 재가열에 의해 수축하는 성질을 부여한 필름(Shrink film)
- 신축 필름(2106) : 고무와 유사한 탄성을 가진 필름으로 실온에서 연신하면서 물체에 감아 붙여서 고무 탄성을 이용하여 조임 포장하는 필름(Stretch film)
- 첩합 필름(2108) : 성질이 다른 2종류 이상의 플라스틱 필름끼리 복합 가공된 필름류의 총칭. 여러 필름을 붙인 것(Laminated film)

공압출 필름(Co-extrusion)과 용기

1 공압출(Co-extruded) 필름 및 용기

일반적인 다층필름은 이미 만들어진 필름 위에 접착제를 바르고 다른 필름을 붙이는 방식이지만, 공압출 필름은 필름을 만들 때 2대 이상의 압출기를 통해 여러 가지 수지를 동시에 압출하여 복합기능을 갖는 필름을 만드는 방법이다. 공압출을 할 때 일부 플라스틱 수지 사이에는 서로 접착이 어렵고 상분리가 일어나는 것들이 있어(예 : 폴리에틸렌과 폴리프로필렌, 나일론과 폴리에틸렌 등) 이러한 수지들을 공압출할 때에는 중간에 접착성 수지를 넣어주어야 한다.

1) 공압출 필름의 장점

① 접착 공정(Lamination)이 필요 없다.

② 아주 얇은 다층필름 제조가 가능하다(1층당 1μm, 7층까지 다층화가 가능하게 되어 다양한 성질과 용도의 필름을 만들 수 있게 되었다).

③ 잔류용제의 걱정이 없다.

2) 공압출 필름의 단점

① 제조설비가 복잡하고 고가이다.

② 수지를 교환할 때, 압출기 등의 세척에 시간이 소요된다.

③ 공압출 가능한 수지나 충분히 접착강도가 있는 수지에 제한이 있다.

④ 공압출 필름 사이에 인쇄를 넣을 수 없어 표면인쇄만 가능하다.

⑤ 종이, 알루미늄 호일, 증착 필름과의 접착이 불가능하다.

2 공압출 필름 및 용기의 예

1) 마요네즈 용기

LDPE(인쇄적성, 외부보호)+EVOH(산소 차단)+LDPE(식품과 직접 접촉)

2) 맥주 PET

유색 PET(자외선 차단, 강도 보강)+MXD6(기체 차단)+유색 PET(자외선 차단, 강도 보강)

3) 된장, 생면

PP(인쇄적성, 외부보호)+EVOH(기체 차단)+PP(식품과 직접 접촉)

"기체차단성(Gas barrier) 필름"

PE나 PP 등의 플라스틱 필름은 기체 차단성이 좋지 않아 식품을 장기 보관하기에 여러 가지 어려움이 있다. 그래서 기체 차단성이 좋은 필름과 다층필름을 만들어 사용한다.

1 PVDC(Poly vinylidene chloride)

K-coat라고도 불리며 방습성, 가스 차단성이 매우 우수한 재질로 주로 OPP/PVDC의 형태로 사용한다. 하지만 소각할 때 염소가스와 다이옥신(Dioxine)이 발생하는 문제가 있어 최근 사용이 감소하고 있고, 2019년 12월부터는 PVC와 PVDC 재질을 사용하여 첩합, 수축포장, 또는 코팅한 포장재의 국내 사용은 금지되었다.

2 PVA(Polyvinyl alcohol, Vinylon)

PVDC 대신에 개발된 수지로 방습성이 강해 OPP/PVA/CPP의 형태로 사용된다. 하지만 습도가 높은 경우 산소차단성이 떨어지는 문제가 있어 수분이 많은 식품이나 레토르트 식품 등에는 사용할 수 없다.

3 EVOH(Ethylene vinyl alcohol, EVAL)

PVA와 마찬가지로 습도가 높은 경우 산소차단성이 떨어지는 문제가 있지만 PVA보다는 덜하다. 방습성은 없다. OPP/EVOH/CPP 또는 ON/EVOH/ON 등의 형태로 사용되며 케첩, 된장 등의 포장에 사용된다.

4 MXD6

나일론의 일종으로 PVDC 수준의 산소차단성이 있으며, 방습성도 나쁘지 않다. ON/MXD6/ON의 구성으로 사용된다. 맥주 PET에 PET/MXD6/PET의 구성으로 사용되고 있으나 PET와 분리가 어렵고, PET와 섞이면 재활용할 때 층간분리가 발생하거나 해당부분이 노란색을 띄는 등 문제가 있어 2020년부터는 PET 맥주의 생산이 중지될 예정이다.

메모

- OPP : Oriented polypropylene(연신 폴리프로필렌)
- CPP : Casted polypropylene(무연신 폴리프로필렌)
- ON : Oriented nylon(연신 나일론)

5 알루미늄 호일

기체 차단성, 차광성, 방습성이 거의 완벽한 재료로 주로 7μm의 것이 사용되나, 핀홀(pinhole)이 발생할 우려가 있어 9μm의 것도 사용되고 있다. 알루미늄 호일을 만들 때 많은 에너지가 필요한 점, 소각할 때 찌꺼기가 남는 점, 내용물이 보이지 않는 점 등의 단점이 있다.

6 알루미늄 증착 필름

PET, OPP, CPP 등의 플라스틱 필름 표면에 알루미늄 증기를 부착시킨 것으로 기체 차단성이 우수하다. 특히 알루미늄 증착 PET(VMPET, Vacuum metalized PET)의 기체 차단성은 매우 우수하다. 알루미늄 호일보다 고급스러운 광택이 있으며, 필요한 경우 원하는 부위에 투명창을 만드는 것도 가능하다.

7 투명 증착 필름

필름표면(주로 PET 필름 사용)에 실리카(SiOx)나 알루미나(Al_2O_3)의 증기를 부착시켜 투명하게 만든 필름이다. 실리카는 유리와 같은 성분이고, 알루미나는 산화알루미늄으로 base 필름에 투명한 막을 만들어 기체차단성과 방습성이 매우 좋아진다. 하지만 투명하기 때문에 차광성이 없고, 크랙(Crack)이 발생할 가능성이 크다.

표 3-2 알루미늄 증착필름과 투명 증착필름의 성능 비교

	알루미늄 증착	Al_2O_3	SiOx
외관	금속광택	무색투명	무색투명
크랙 발생	발생 가능성 낮음	발생 가능성 높음	발생 가능성 높음
차광성	우수함	없음	없음
기체 차단성	우수함	우수함	우수함
방습성	우수함	우수함	우수함

개봉용이성 필름과 용기

얼마 전까지만 해도 커피믹스를 가위로 자르거나, 연두부를 먹기 위해 플라스틱 칼 등으로 필름을 찢어야 먹을 수 있는 등 플라스틱 포장재 사용도 불편한 점이 많이 있었다. 하지만 최근에는 손으로 간단하게 커피믹스를 직선으로 뜯거나 용기에 붙어있는 필름도 간단하게 떼어낼 수 있는 개봉용이성 필름(Easy cut)이나 용기(Easy peel open)가 즉석밥이나 연두부 포장 등에 다양하게 이용되고 있다.

❶ Easy cut

플라스틱 봉지를 쉽게 뜯는 방법은 V-notch 등의 봉투의 일부를 잘라 개봉선을 넣는 방법과 필름에 방향성을 주는 2가지 방법이 있다. 플라스틱 필름은 연신하지 않은 상태에서는 마치 엉켜있는 실처럼 긴 고분자 섬유들이 섞여 있는 상태이다. 이러한 상태의 필름을 한쪽으로 늘리면, 그 방향으로 분자가 늘어서서 방향성을 갖게 되고, 필름을 찢으면 그 방향으로 일직선으로 찢어지게 된다. 이러한 원리를 이용한 것이 직선 커트(Cut)성 필름이다. 하지만 이 상태에서는 플라스틱은 원래 상태로 돌아가려는 성질이 있어 곧 원래상태로 수축해버리고 만다. 연신한 상태에서 열을 가하면 그 온도 이상이 되지 않는 이상 다시 수축되는 않기 때문에 연신한 필름을 열고정(Heat set)하여 직선 커트성 필름을 만든다(열고정을 하지 않으면 열수축 필름(Shrink film)이 된다).

Easy cut

Easy peel open

그림 3-3 개봉용이성 필름과 용기

❷ Easy peel open

1) 응집박리식

접착층 자체가 파괴되며 벗겨지는 방식이다. PP와 PE, PS와 PE 등 서로 다른 플라스틱끼리 섞이지 않는 점을 이용하여 이것들을 일정비율로 섞은 수지를 접착제로 사용한다. 이러한 접착제로 용기와 필름을 붙이면 서로 다른 플라스틱 사이에 상분리된 부분에서 쉽게 박리가 일어난다. 이때 이 플라스틱의 비율을 조정하여 박리강도를 조절할 수 있다.

2) 층간박리식

용기에서 뚜껑을 떼어낼 때 접착제가 용기와 뚜껑의 경계면에서 절단되는 방식이다. 주로 공압출로 2~3층으로 만든 필름을 사용하며, 접합강도가 좋아 레토르트에도 사용가능하다.

3) 계면박리식

열접착성이 좋지 않은 EVA와 접착제로 자주 사용되는 초산비닐의 비율을 조절하여 접착강도를 조절하는 방법이다. 용기부분에 접착제가 남아있지 않아 박리 후 외관이 아주 좋은 장점이 있으나, EVA의 나쁜 열접착성에 의해 고온에 노출될 경우 접착강도가 쉽게

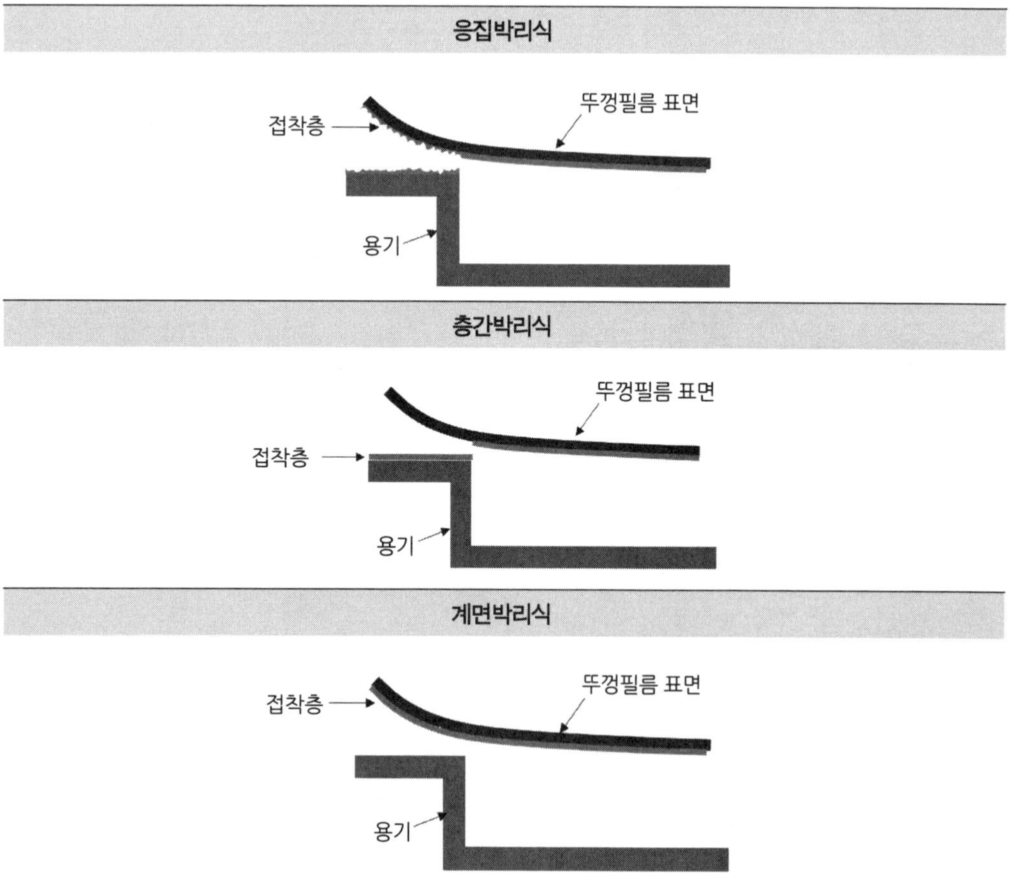

그림 3-4 Easy peel open 방식 원리

변하는 문제가 있다.

표 3-3 Easy peel open 방식 비교

	응집박리	층간박리	계면박리
접착 안정성	매우 좋음	좋음	보통
내용물에 의한 영향	좋음	매우 좋음	보통
박리 후 외관	보통	좋음	매우 좋음
레토르트 가능성	매우 좋음	매우 좋음	보통

PET 병

1941년에 발명된 PET는 투명성, 가스 차단성, 강도가 우수하고, 내열성이 강하여(내용물 온도 85℃까지 충전 가능) 탄산음료, 주스 등 대부분의 음료에 사용되고 있다. 또한 PE나 PP에 비해 기름성분이나 알코올 성분의 투과를 차단하는 능력이 좋아 식용유나 주류 등에도 많이 사용하고 있다. PET는 상대적으로 친환경적인 소재로 재활용하여 폴리에스테르(polyester) 섬유나 재생페트병으로 만들 수 있다.

최근에는 blow 성형기를 식품공장에 설치하는 In-plant 방식이 보급충전기 직전에 설치하여 프리폼 상태로 공장에 입고되어, 충전 직전에 blow 성형을 하여 성형과 동시에 용기를 무균화시키고, 바로 무균충전하여 운반비도 줄이고, 품질도 향상시키고 있는 경우도 있다.

우리가 흔히 볼 수 있는 PET병은 용도에 따라 4가지로 나눌 수 있다.

1 PET병의 종류

1) 상압병(NR, Normal resistance)

생수, 간장, 식초용기 등 상온에서 충전하고, 탄산가스가 없어 내부의 압력을 버틸 필요가 없는 음료에 사용하는 용기이다. 내부압력에 저항할 필요가 없기 때문에 최근에는

두께를 얇은 필름처럼 획기적으로 줄인 얇은 경량병도 사용되고 있다. 하지만 너무 얇으면 팔레트에 여러 단으로 쌓았을 때 무게를 버티지 못하는 문제가 발생할 수 있어 위에서 가해지는 압력에 버틸 수 있는 능력(Top-load)이 있도록 설계하거나, 2차 포장에서 골판지상자 등을 사용하여 상부의 압력에 버틸 수 있도록 배려할 필요가 있다. 형태는 원형, 사각형 등 다양한 형태로 만들 수 있다.

2) 내압병(PR, Pressure resistance)

콜라, 사이다 등의 탄산음료에 사용되는 용기로 충전 후에 병 안에 걸리는 압력이 상압보다 높은 음료에 사용하는 병이다. 탄산가스가 빠져나가는 것과 내부의 높은 압력을 견뎌야하기 때문에 용기의 두께가 두껍고, 내부 압력 때문에 동그란 형태만 가능하다(삼각이나 사각형으로 해도 내부압력에 밀려 원형에 가까운 모양을 갖게 된다). 압력을 분산시키기 위해 몸통은 콜라병처럼 굴곡 있는 형태를 가지며, 바닥은 변형되는 것을 방지하기 위해 꽃잎 모양(Petaloid, “peta”는 그리스어로 “5”를 의미)으로 만든다. 병구(Neck)부분은 뚜껑을 열었을 때 과포화된 탄산가스가 빠져나가게 하기 위해 vent slot을 넣는다.

3) 내열압병(HPR, Heat and pressure resistance)

충전한 후 후살균을 위해 온수(65℃) 처리를 해야만 하는 탄산음료(우유탄산음료, 과일탄산음료)에 사용되는 병이다. 내열병과 마찬가지로 결정화된 병구를 사용하고 몸통은 heat-set한다. 병의 모양은 내압병과 마찬가지로 원형이고, 바닥은 꽃잎 모양, 병구에는 vent slot을 설치한다.

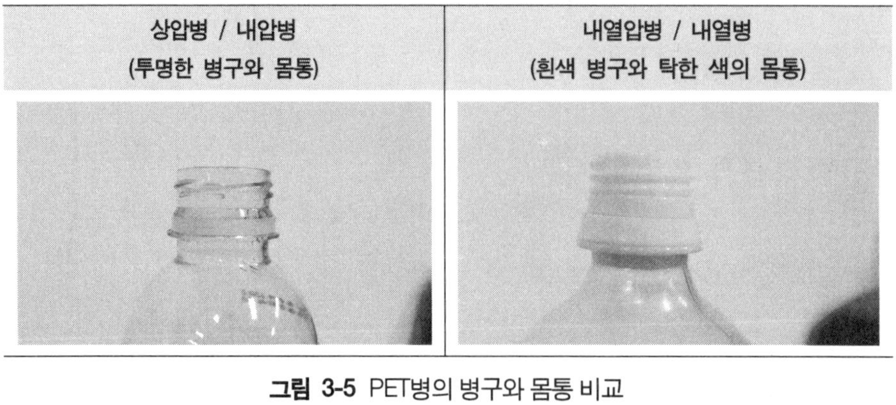

그림 3-5 PET병의 병구와 몸통 비교

상압병 (단순한 원형, 사각형도 가능)	내압병 (원형, 꽃잎 모양(Petaloid))

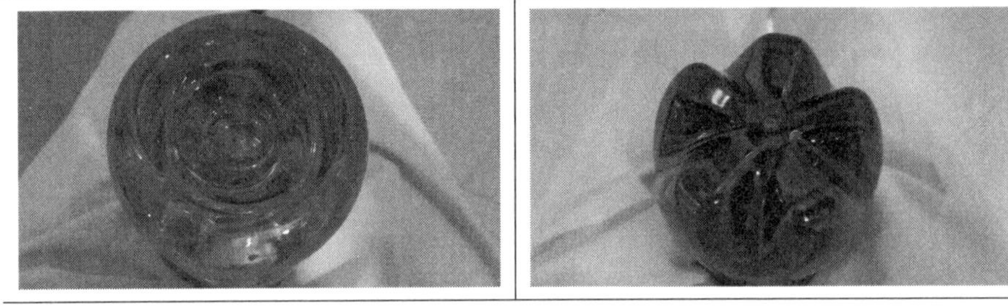

그림 3-6 PET병의 바닥 비교

4) 내열병(HR, Heat resistance)

녹차나 오렌지주스 등 뜨거운 음료를 용기에 바로 충전하는 Hot filling(85~95℃)에 사용되는 병으로 병의 입구부분은 결정화(200℃에서 결정화)되어 흰색 또는 불투명한 색을 띈다. 몸통도 blow 과정 중 금형에서 heat set(160~190℃)되어 탁한 색을 띈다(주스 등 과일음료, 와인, 차, 커피 등). 뜨거운 상태에서 충전한 후, 냉각에 의한 진공으로 형태가 변형되는 것을 방지하기 위해 몸통에는 패널과 기둥형태를 넣고, 바닥은 두껍게 만든다.

> 메모
>
> 충전, 충진(?) : 매워서 채운다는 의미의 "充塡"을 읽을 때 많은 사람들이 "眞"을 보고 충진이라고 읽는다. "塡"은 "진"으로도 "전"으로도 읽히지만, "진"으로 읽힐 때는 "진정하다"의 의미이고, 채운다의 의미일 때는 "전"으로 읽어 "飮料充塡"은 "음료충전"으로 읽는 것이 맞다.

2 PET병의 일반 성질

1) 유리전이온도(Tg, Glass transition temperature)

물이나 기름 등 일반적인 물체는 온도에 따라 고체, 액체, 기체의 형태를 띠지만, PET 등 모든 열가소성 플라스틱은 녹는점보다 낮은 온도에서 고무처럼 물렁물렁한 상태를 띄게 되고 이 온도를 유리전이온도라고 한다. 유리전이온도보다 낮은 온도에서는 폴리머의 체인은 고체 상태로 움직이지 않지만, 유리전이온도 이상의 온도가 되면 마이크로 브라운 운동(Micro-brownian motion)이 일어나 말랑말랑한 상태가 된다. 플라스틱 용기 등은 이러한 성질을 이용하여 원하는 모양으로 성형할 수 있다. PET의 유리전이온도는 약 70℃이다.

2) 결정화온도(Tc, Crystallization temperature)

PET병은 160℃ 정도(150~180℃에서 최대로 일어난다)가 되면 부피가 축소되며, 흰색으로 바뀌며 결정화된다. PET는 원래 결정성 플라스틱이지만, 주로 섬유나 필름, 용기로 만들어져 비결정 상태로 사용되는 경우가 대부분이다. PET는 결정화도가 높아질수록 치수안정성(온도가 상승해도 형태가 변하지 않는 성질), 내열성이 좋아지기 때문에 Hot filling을 하는 내열병이나, 후살균을 하는 내열압병은 병구부분과 몸통을 결정화시켜서 사용한다.

3) 녹는점(Tm, Melting temperature)

결정화온도를 지나 250℃ 이상의 온도가 되면 PET 수지는 녹기 시작하고, PET의 프리폼을 만드는 성형온도는 290~315℃ 정도이다. 성형된 프리폼은 결정화가 되는 것을 방지하기 위하여 130℃ 이하로 급속히 냉각시켜야 한다(결정화된 프리폼은 blowing이 잘 되지 않는다).

4) 아세트알데히드(Acetaldehyde)

PET병을 만들 때 열분해, 산화분해 및 가수분해에 의해 자극성 냄새가 있는 물질인 아세트알데히드(CH_3CHO)가 생성될 수 있다. 아세트알데히드는 PET병 안의 내용물에 영향을 미쳐 이취를 발생시킬 수 있으므로, PET병을 만든 후 숙성기간을 거치거나, In-plant 설비에서 생산하는 경우에는 철저한 품질관리가 필요하다. 최근에는 안트라닐아마이드(Anthranilamide) 성분의 아세트알데히드 scavenger를 사용하여 이취 발생을 억제하는 경우도 있다.

04 식품을 포장하는 방법

식품포장과 미생물

미생물은 없는 곳이 없다고 할 정도로 우리가 살고 있는 모든 곳에 존재한다. 특히 원료에 오염되어 있던 미생물이나 신체에 묻어있는 미생물, 충전기 등 제조설비에 묻어 있는 미생물에 의한 교차오염은 제품의 유통기한을 단축시키고, 부패되면 식중독 등 사람에게 위해를 일으킬 수 있다. 식품의 부패를 방지하는 방법은 열에 의한 미생물의 살균, 여과, 냉동 및 냉장, 건조 등 여러 가지 방법이 이용되고 있지만 이러한 식품도 불완전하게 포장된 상태에서 유통 및 보관되면 수분의 흡수, 미생물의 재오염 등에 의해 다시 부패하게 되므로 식품의 특성을 감안한 적절한 포장은 매우 중요한다.

미생물은 크게 곰팡이(Mold), 효모(Yeast), 세균(Bacteria)이 있고 이러한 미생물은 식품의 부패 외에도 요구르트나 술 등을 만드는 발효에도 직접 관여하고 있다.

1 미생물의 종류

1) 곰팡이

효모, 세균에 비해 낮은 수분함량, 폭넓은 pH와 온도영역, 높은 삼투압에서도 살 수 있고, 다른 미생물과 달리 번식하면 쉽게 그 포자나 균사를 볼 수 있어 식품의 가공과 포장에서 매우 주의해야 하는 미생물이다. 된장, 막걸리 등의 술, 치즈 등의 발효에 관여하고, 페니실린, 다양한 효소류의 생산 등 인간에게 유익한 역할도 하지만, 제품의 외관을 변하게 하고, 일부 곰팡이는 아플라톡신(Aflatoxin), 오클라톡신(Ochratoxin), 제랄레논(Zearalenone) 등 발암성이 있는 곰팡이 독소를 만들기도 한다. 하지만, 산소가 없으면 살 수 없는 호기성균으로 포장 내의 산소를 제거하면 효과적으로 증식을 억제할 수 있다.

2) 효모

당을 발효시켜 알코올과 탄산가스를 만드는 미생물로, "yeast"라는 이름도 알코올 발효할 때 생기는 거품이라는 뜻의 네덜란드어 "gast"에서 유래한다. 균체는 지름 5~10μm 정도의 단세포 생물로 산소가 없는 조건과 낮은 pH(pH 2)에서도 생육하기 때문에 진공포장이나 탈산소제 봉입 포장으로도 억제하기 어렵다. 대표적인 효모인 "*Saccharomyces*"는 맥주, 포도주 등 대부분의 술과 빵을 만드는데 이용된다.

3) 세균

곰팡이나 효모에 비하여 작고 사람들의 눈에 띄지 않는 곳에서 번식하기 때문에 일상적으로 눈으로 볼 수는 없다. 식중독을 일으키는 대표적인 미생물로 살모넬라균(*Salmonella. spp*), 황색포도상구균(*Staphylococcus. aureus*), 장출혈성 대장균(*Escherichia coli* O157 : H7), 세균성 이질균(*Shigella spp*), 비브리오(*Vibrio. spp*), 병원성 리스테리아(*Listeria. monocytogenes*), 캠필로박터(*Campylobacter. spp*), 클로스트리디움(*Clostridium. spp*)이 대표적인 식중독 세균이다.

Bacillus, Lactobacillus, Streptococcus 등은 청국장, 요구르트의 발효식품에 사용된다.

2 식품의 부패에 관여하는 요소

식품은 포장 전은 물론 포장 후에도 항상 미생물에 의해 부패될 위험이 있다. 미생물의 증식은 ① 수분 활성도, ② 영양분, ③ 온도, ④ pH, ⑤ 산소의 유무, ⑥ 카테킨 등 항균 성분의 유무 등의 요소들에 의해 조절할 수 있어 이것들을 이용하면 식품의 부패 방지 및 유통기한을 연장시킬 수 있다.

1) 수분 활성도(Aw, Water activity)

식품중의 물은 식품의 성분에 결합되어 있어 잘 증발되지 않고, 미생물이 이용하기 어려운 결합수와 식품 중에서 자유롭게 이동 가능한 물인 결합수로 나눌 수 있다. 자유수는 자유롭게 돌아다닐 수 있기 때문에 식품이나 음료가 일단 개봉된 상태에서는 증발되기도 하고, 박테리아나 효모 등에 흡수되어 미생물의 증식과 식품의 부패를 일으키게 된다. 수분활성도란 순수한 물의 수증기압에 대한 용액의 수증기압의 비율로(aw=P/P0) 미생물이 사용할 수 있는 자유수의 양을 의미한다. 일반적으로 세균은 Aw 0.90, 효모는 Aw 0.88, 곰팡이는 0.85~0.88에서 생육할 수 있으며, 내건성 곰팡이나 내삼투압성 효모는 0.62까지도 생육할 수 있다. 소금에 절인 오징어(젓갈)이나 설탕을 넣은 과일 jam이 잘 부패되지 않는 것은 고농도의 염분이나 당분이 식품 중의 자유수와 결합하여 결합수가 되어 자유수의 비율과 수분활성도가 낮아지기(0.7~0.8) 때문이다. 하지만 고체식품과 달리 일반 음료의 경우는 수분활성도가 1.0으로 부패 억제 효과는 기대할 수 없다.

2) 영양분

당분이나 단백질이 많은 식품이나 음료는 미생물의 영양원이 될 수 있어 부패되기 쉽다.

3) 온도

일반적인 미생물은 20~40℃ 정도의 온도에서 가장 빠르게 증식한다. 식품이 부패하지 않도록 하기 위해서는 냉장이나 냉동보관 등 낮은 온도에 보관하거나 가열하여 사멸시키는 방법을 사용할 수 있다. 식품을 얼리면 미생물의 증식은 정지하지만 대부분 생존해있는 상태로 온도가 올라가면 증식을 계속한다. 따라서 한번 녹은 냉동식품을 다시 얼려서 보관하면 식중독균 위험이 증가할 수 있다).

4) pH

음료를 제조할 때 가장 중요한 지표로, 편성혐기성균(산소가 없는 환경에서만 증식하는 미생물)인 *Clostridium botulinum*(보툴리늄균)이 증식할 수 있는 pH 4.6이 중요한 경계가 된다. 이것은 이 토양 유래의 미생물이 pH 4.6보다 낮은 산성영역에서는 증식할 수 없기 때문이다. 이 미생물이 생산하는 독소(보툴리누스 toxin)는 지구상에서 가장 독성이 강한 독소로, 치사량은 체중 70kg인 사람일 경우 0.7∼0.9μg이다. 과거에는 이 독소가 생긴 음식을 먹고 사망한 사례가 있었다. 이 균은 주위 환경이 나쁠 때나 자신의 균체가 높은 온도에 노출되었을 때 포자를 만드는 성질이 있다. 보툴리눔균 이외에도 열에 강한 내열성균의 대부분이 포자를 형성하는 균주로 알려져 있다. 보툴리눔균은 포자의 상태로는 100℃에서는 끄떡도 없고, 완전한 사멸을 위해서는 120℃에서 4분 이상 가열해야만 한다. 하지만 *Clostridium* 속의 균은 편성혐기성으로 증식이 대단히 느린 특성이 있어 식품이나 음료를 장기간 상온에서 보관하지만 않으면 일반적으로 특별한 대응은 필요하지 않다. 이 보툴리눔균 이외에 박테리아나 효모, 곰팡이 등 부패나 식품의 품질저하를 일으킬 가능성이 있는 미생물의 대부분은 음료 중에서 생육할 수 있는 pH가 다르다. 그리고 최근 음료나 식품에 있어서의 미생물의 연구에 의하면 살균만으로는 불충분한 사례도 많이 보고되고 있다. 보툴리눔균 이외에도 고초균(*Bacillus* 균), Flat sour균(*Bacillus coagulans*) 등 지금까지 알지 못했던 미생물이 계속 발견되고 있어 음료 각사의 품질관리담당자는 주의가 필요하다.

5) 산소의 유무

미생물은 산소의 요구성에 따라 호기성균(Aerobic), 통성혐기성균(Facultative anaerobic), 미호기성균(Microaerophiles), 편성혐기성균(Strict anaerobic)으로 구분된다. 높은 탄산가스 농도는 산소의 분압을 낮춰 미생물의 증식을 억제하는 효과가 있지만, 효모나 유산균에는 그러한 환경에서도 증식할 수 있는 종류가 있다.

6) 카테킨 등 항균 성분의 유무

카테킨 등의 항균물질도 미생물에 대한 억제효과가 어느 정도는 기대되지만 절대적이지는 않다.

일반적으로 콜라(Cola)가 부패에 대한 내성이 강한 이유는 낮은 pH(대체로 3 이하)와 높은 탄산가스압(2 gas volume) 때문이다. 한편 우유는 생물에 대한 영양분도 많고 pH도 중성, 탄산가스나 항균성분도 없기 때문에 미생물의 공격을 받기 쉽다. 그렇기 때문에 냉장상태에서 판매되고 있는 우유 등은 품질유지기한 내에 마셔야 하며, 한번 개봉한 것은 가능한 한 빨리 냉장고에 보관하고 빨리 마셔야 한다.

표 4-1 청량음료의 제조(살균) 기준

제 조 기 준			보관 기준
살균이 필요 없는 것	이산화탄소 압력이 20℃, 1.0kgf/cm^2 이상으로, 식물이나 동물의 조직 성분을 포함하지 않는 것		없음
살균이 필요한 것	pH 4.0 미만	중심 온도 65℃, 10분간, 또는 동등 이상	없음
	pH 4.0~4.6 미만	중심 온도 85℃, 30분간, 또는 동등 이상	10℃ 이하
	pH 4.6 이상으로 수분활성이 0.94를 넘는 것	중심 온도 85℃, 30분간, 또는 동등 이상	
		120℃, 4분간, 또는 동등 이상 발육할 수 있는 미생물을 사멸 시키는데 충분한 효력을 갖는 방법	없음

출처 : 일본 식품위생법 후생성고시 제 213호(1986년)

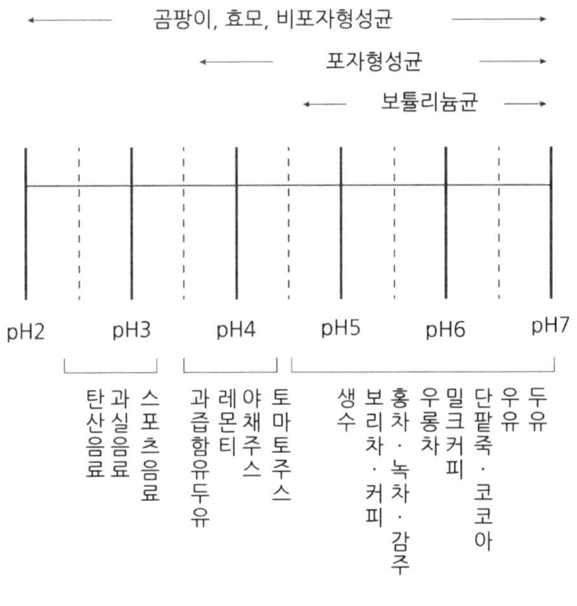

그림 4-1 음료의 pH와 생육 가능한 미생물

3 F값, D값, Z값, PU값

음료의 살균을 위한 가장 효과 있는 방법은 가열이다. 미생물은 그 미생물의 사멸 온도 이상에서 일정 시간 가열하면 생균수가 시간의 경과와 함께 감소한다. 이것은 방사선에 의한 미생물의 살균이나 약제 살균 등의 경우에도 마찬가지이다. 이러한 그래프를 미생물의 온도사멸곡선(TDT곡선, Thermal death temperature)이라고 부른다. TDT 곡선에서는 가로축이 시간(초 또는 분), 세로축이 생균수(세포수)가 된다. 여기서 세로축이 대수(log)가 되는 것에 주의할 필요가 있다(그림 4-2). 말하자면, 미생물은 그 가열살균에서는 시간에 대해 10배씩 빠른 속도로 사멸한다는 것이다.

각 미생물이 어느 정도의 내열성을 가지고 있는가를 나타내는 지표로는 D값, Z값이 있다.

1) F값(F-value)

어떤 온도에서 일정 수의 미생물을 사멸시키는데 필요한 시간(분)을 F값이라고 한다. 일반적으로는 250°F(121℃)에서의 사멸시간을 말하며 예를 들어 F_{232}=15의 의미는 232°F에서 15분 가열하면 미생물 전부가 사멸된다는 것을 의미한다. *Clostridium. botulinum*은 120℃, 4분 가열에 사멸하므로 F값은 4이다. 하지만 4분 가열을 하여도 포장의 중심부(냉점, cold point)가 120℃에 도달한 것은 아니므로 주의할 필요가 있다.

2) D값(Decimal Reduction Value)

"어느 일정한 온도에서 생균수가 1/10으로 감소하는데 필요한 시간(분)"을 의미한다. 예를 들면, 80℃의 온수에서 1분에 생균수가 100만에서 10만으로 감소한 경우 "80℃에서 D값은 1분"이라고 말할 수 있다.

3) Z값(Z value)

D값을 1/10의 시간으로 줄이기 위해 필요한 온도 상승치를 Z값이라고 한다. 즉, Z값은 D값을 10배로 변화시키기 위한 온도변화를 의미한다. Z=10는 가열시간을 1/10로 줄일 때 온도를 10℃ 올려야 동일 살균효과를 얻을 수 있다는 것을 뜻한다. Z값이 크면 온도상승에 의한 살균효과가 작고, Z값이 작으면 온도상승에 의한 살균효과가 크고, 내열성이 낮다고 말할 수 있다. 그러므로 Z값이 작은 위해미생물의 살균은 가열시간을 길게 하는 것 보다 가열온도를 상승시키는 것이 효과적이다.

실제 식품제조현장에서 검출되는 미생물의 내열성(TDT곡선)을 측정해보면, 그 미생물이 살균제에 노출된 적이 있거나, 영양분이 부족한 환경에서 살아남은 경우 등 체력이 떨어진 상태의 미생물에서는 내열성 data인 D값이 작아지는 경우도 있다. 이러한 상태의 미생물을 손상균이라고 한다. 그렇기 때문에 실제 제조 현장에서의 열살균의 조건은 TDT 측정으로 얻어진 D값, Z값에서 설정할 수 있는 살균조건 뿐만 아니라, 비손상균이 있는 경우도 감안해서 보다 높은 가열살균 조건을 정할 필요가 있다.

4) Pasteur unit(PU)값

루이 파스퇴르(Louis Pasteur)와 크로드 버나드(Claude Bernard)에 의해 와인의 살균에 처음으로 도입된 저온살균법(Pasteurization)은 미생물을 완전히 사멸시키는 것이 아니고 무해한 정도까지 감소시키는 것을 목적으로 한다. 이 방법을 사용하면 내용물의 풍미를 잃지 않고, 맥주나 와인에 함유된 알코올을 날려버리지 않고도 해당 제품에 유해한 미생물을 살균할 수 있어 고온살균법에 비해 열변성 등에 의한 품질, 풍미의 변화가 적은 장점이 있다. 이 방법은 살균된 우유에도 응용되어, 우유 풍미의 손상을 최소한으로 한 우유를 파스퇴르의 이름을 따서 "Pasteurized milk"라고 불리고 있다.

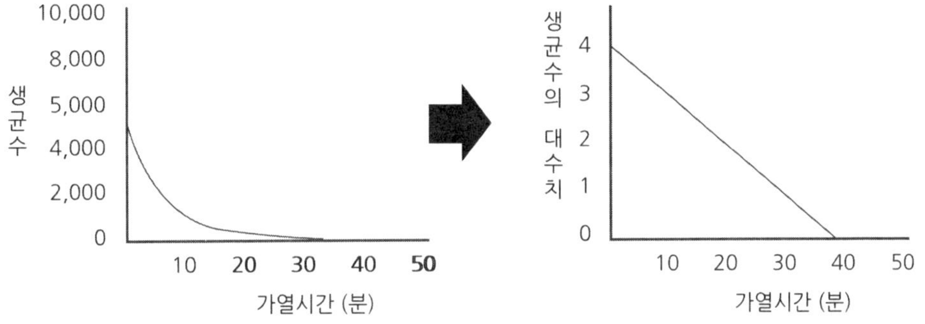

일정한 온도로 가열하면 미생물은 시간의 경과와 함께 대수(log)적으로 감소한다. 세로축의 생균수를 대수로 변환하면, 생균수 대수치와 가열시간은 직선(비례) 관계가 된다.

그림 4-2 미생물의 온도사멸곡선(TDT 곡선)

가열하면 내열균을 제외한 미생물은 사멸되며, 일반적인 저온살균법에서는 살균 온도는 60℃에서 10분 정도로 하고, 온도의 상승에 의해 내열균을 제외한 미생물은 사멸된다. 저온살균법에 의한 살균의 정도를 살균 온도(60℃ 이상)와 시간으로 계산하여 Pasteur unit(PU)라고 표현하며, 저온살균 맥주의 경우에는 14~15PU 정도로 살균한다.

메모

F, D, Z, PU값을 나타낼 때 미국은 화씨(℉), 다른 대부분의 나라에서는 섭씨(℃)를 사용한다. 혼란을 피하기 위해 온도 옆에 F, C를 적는 방법(D_{230F}, D_{110C})도 있으나 국내에서는 온도만을 적었을 때는 섭씨로 이해할 수 있다.

지방의 산화

포장된 식품에서 가장 대표적인 화학적 변화는 지방의 산화이다. 식품속의 지방은 장기간 보관될 경우에 공기 중의 산소, 온도, 열, 빛, 금속이온 등에 의해 이취나 맛의 변화를 일으키고 점도가 증가하여 독성물질이 생성될 수도 있다.

1 지방산화의 영향 요인

1) 산소

공기 중에는 약 21%의 산소가 존재하고 포장된 식품에서도 이 산소에 의해 지방의 산화가 진행된다. 특히, 산소와 접촉할 수 있는 표면적이 넓은 분말식품, 스펀지 케이크, 동결건조식품은 산화에 더 민감하다. 따라서 지방함량이 높은 식품을 포장할 때에는 진공포장, 가스치환포장 또는 탈산소제 봉입포장을 하고 가스차단성이 높은 필름을 사용할 필요가 있다.

2) 온도

지방은 일반적으로 온도가 10℃ 상승하면 반응속도가 2~3배 정도 증가한다. 따라서 높은 온도의 가열조건, 유통조건은 지방의 산화에 큰 영향을 미칠 수 있다.

3) 수분

수분은 금속의 촉매작용에 영향을 미치며 산화속도는 수분활성도에 비례한다. 건조식품의 경우에는 자동산화가 빨리 일어난다. 실리카겔 등의 수분흡수제를 사용하면 수분을 효과적으로 제어할 수 있다.

4) 빛

햇빛이나 형광등의 불빛은 지방의 산화를 촉진시킨다. 특히 자외선의 경우에는 파장이 짧을수록 에너지가 크기 때문에 매우 빨리 산화시킨다. 가시광선도 무시하기 어려울 만큼 산화를 촉진시키고, 형광등은 가시광선과 유사한 파장을 나타내어 쇼케이스 안에 넣어둔 식품 등의 산화를 촉진시킬 수 있다. 빛에 의한 영향을 줄이기 위해서는 금속캔이나 알루미늄 호일이나, 알루미늄 증착 필름이 첩합된 필름을 사용하고, 유리병을 사용하는 경우에는 갈색병을 사용할 필요가 있다.

5) 금속이온

금속이온은 구리＞철＞코발트＞니켈＞주석＞아연＞알루미늄＞망간의 순서로 지방산화에 촉매역할을 한다. 이러한 금속과의 불필요한 접촉을 피하기 위해 물이나 원료의 관리가 필요하고, 철계캔을 사용하였을 경우 내부 코팅이 되어있으나 밀봉부 절단면의 철이 영향을 미칠 수 있어 필요한 경우 알루미늄캔을 사용할 필요가 있다.

무균(Aseptic) 포장, 무균화(Semi-aseptic) 포장

수분이 많은 식품은 포장한 후에도 세균, 효모, 곰팡이와 같은 미생물의 증식에 의해 부패하기 쉽다. 그래서 대부분의 식품은 통조림이나 레토르트식품처럼 포장한 후에 고온에서 가열살균하거나 음료의 경우 뜨거운 상태로 포장하는 hot filling을 하여 미생물의 수를 줄이는 방법을 사용하였다. 하지만 식품은 이러한 가열에 의해 향, 촉감, 영양소 감소가 일어나고 고유의 색이 변하는 등 품질이 나빠지고 만다. 무균포장은 식품과 포장용기를 각각 따로 살균한 후 무균실과 같은 무균적 환경에서 담고 밀봉하여 추가적인 열살균을 하지 않는 방법으로 상온에서도 장기간 보존이 가능한 포장방법이다. 현재 무균포장은 멸균우유, 과즙음료 등의 액체식품이나 페이스트 형태의 식품에 적용되고 있다.

무균포장은 무균실의 설치 등 초기설치비와 운영비가 비싸 제품의 특징과 생산량 등을 고려하여 도입할 필요가 있다.

표 4-3 고온충전과 무균충전 비교

식품 종류	고온충전(Hot filling)	무균충전(Aseptic filling)
처리조건	고온(90℃ 이상)에서 충전, 밀봉하여 충전한 후에도 고온의 상태가 당분간 유지된다.	식품(순간살균, 제균, 저온살균 등), 포장재(약품 등), 충전 환경을 미리 무균상태로 한 후 저온 또는 상온에서 충전한 후 밀봉하여 제품이 고온에 장시간 노출되지 않는다.
생산비용	생산비용은 저렴하나, 상대적으로 두껍고 비싼 내열병을 사용하여 대량 생산할 경우 포장재 비용이 증가함(소량생산 시 유리).	설치비와 운영비는 비싸나 가격이 저렴한 상압병을 사용(탄산음료는 내압병)하여 대량 생산 시 포장재 비용을 절감할 수 있다(대량생산 시 유리).
유통기한	상온에서 장기간 유통 가능	상온 유통 가능
품질변화	고온에 장시간 노출되어 맛, 향미 등 품질이 나빠질 수 있다.	고온에 노출되지 않거나, 단시간 노출되어 신선함을 유지할 수 있다.

1 무균포장

한국산업규격(KS T 1001)에서는 무균 포장을 "미리 무균 상태로 해놓은 식품, 의약품 등을 무균화된 환경에서 멸균 완료한 포장재를 사용하여 무균상태로 포장하는 방법. 우유, 유음료, 식육가공품, 의약품 등에 적용되고 있다."라고 정의하고 있다. 여기서 무균이란 미생물이 전혀 없는 멸균이 아니라, 식중독균, 병원균 및 상온유통을 해도 부패하거나 경제적 손실을 끼치는 미생물이 없는 상업적 무균상태(Commercial sterilization)를 의미한다.

포장재 → 살균

↓

식품 → 살균 → 무균상태에서 포장 → 출하

무균포장의 기본 공정

1) 식품의 무균화(식품살균)

① 가열살균

액체식품의 상업적 무균화를 위한 살균방법은 저온 장시간 살균법(LTLT, Low temperature long time), 고온 단시간 살균법(HTST, High temperature short time)과 초고온단시간살균법(UHT, Ultra high temperature)가 주로 이용된다. LTLT는 열교환기를 이용하여 63~65℃에서 30분, HTST는 72~75℃에서 15초간 살균하는 방법으로 식품이 고온에 노출되지 않아 비타민 등의 영양적 손실이나 품질 변화가 적은 장점이 있다. UHT는 135~150℃, 2~6초 정도가 일반적이고, 살균시간이 짧아 HTST보다 효율적으로 생산할 수 있다. 고체 식품은 조리하여 살균한 식품을 무균실에서 바로 포장하여 무균화할 수 있으나, 원재료 단계부터 세척, 선별, 살균 등을 병행할 필요가 있다.

② 비가열살균(냉살균)

열을 가하지 않는 살균방법을 비가열살균이라고 하며, 방사선조사, 초고압살균(HPP, High pressure processing), 고전장 펄스 방식(PEF, Pulsed electric field) 등이 사용될 수 있다. 현재 초고압살균은 즉석밥, 고전장 펄스 방식은 주스 등의 음료 제조에 사용되고 있다.

③ 제균(Filtering)

미생물을 죽이지 않고 여과지(Micro filter, Nano filter 등)를 이용하여 미생물을 제거하는 방법이다. 생수, 비열처리맥주 등에 많이 사용되고 있다.

2) 포장재의 무균화(포장재 살균)

포장용기, 플라스틱 시트, 뚜껑 등을 포장 직전에 살균하는 경우에는 과산화수소수가 가장 많이 사용된다. 과산화수소는 살균력이 낮으나 온도가 올라갈수록 살균력이 지수적으로 증가하여 포장재 표면을 살균할 때는 60~125℃로 가열하여 더운 공기상태로 사용하기도 한다. 그 외에 자외선(UV) 조사를 하거나, 여러 가지 방법을 병행하여 사용하는 경우도 있다. 최근에 PET 프리폼(preform)을 포장 직전에 blowing하는 경우에는 blowing 성형 중 무균화가 이루어지기도 한다. 별도의 공정에서 살균해서 이송하여 사용하는 경우에는 UV나 전자선 살균도 이용된다.

3) 무균실(BCR : Bio clean room)

무균실(Clean room)은 공기 중의 부유물질이 기준치 아래로 억제되도록 HEPA(High

efficiency particle air) 필터를 통해 여과된 공기를 불어넣고, 온습도와 기체의 흐름도 조절되는 공간을 의미한다. 반도체와 같이 먼지를 주요 대상으로 하는 공업용 무균실인 ICR(Industrial clean room)과 제약이나 식품처럼 작은 미생물을 주요 대상으로 하는 BCR(Biological clean room)로 구분할 수 있다. 무균실의 무균정도는 CLASS 100 수준으로 하며, Class 100은 $1ft^3$ 안에 $0.5\mu m$의 입자가 100개인 환경(미국은 $1ft^3$, ISO에서는 m^3)을 의미한다. 모든 공정을 무균화하는 것은 비용이 많이 들기 때문에 교차오염이 일어날 수 있는 충전실만 무균실로 하는 방법이 주로 사용된다.

4) 무균포장의 포장용기

무균포장한 제품도 유통과정 중 무균상태가 유지되지 않으면 장기간 상온유통은 불가능하다. 무균포장의 포장재는 식품과 외부를 완전히 차단해주어야 하며, 제품에 따라 차이는 있지만 미생물은 물론 화학적인 반응을 유발하는 햇빛, 산소의 유입을 차단할 수 있는 차단성 있는 포장재를 사용하여야 한다.

5) 무균포장의 이점

무균포장은 짧은 열처리(또는 비열처리) 시간의 영향으로 통조림이나 레토르트에 비해 향, 색, 조직 및 영양가적 측면에서 많은 이점이 있다.

① 향(Flavor) : 유제품의 경우 오랜 시간 가열은 sulfhydryl기에 노출되어 이취(cooked flavor)가 생길 수 있으며, 과하게 열처리된 우유는 단백질 분해(proteolysis)에 의해 쓴 맛이 생길 수 있다.

② 색(Color) : 유제품에서 오랜 시간 가열은 마이야르 갈변(Maillard browning)에 의한 변색이 일어날 수 있으며, 채소류는 짧은 시간 가열에 의해 carotene, betanin, chlorophyll, anthocyanin의 손실을 막거나 최소화할 수 있다.

③ 조직(Texture)

④ 영양가(Nutritional value) : 고온에 노출되는 시간이 짧아 비타민 C 등의 영양소 손실을 줄일 수 있다.

② 무균화 포장

내부까지 열전달이 어려워 상업적 무균상태까지 미생물을 사멸시킬 수 없는 고체 식품은 무균화 포장을 실시한다. 가장 대표적인 것은 즉석밥과 슬라이스햄, 베이컨 등으로 철저한 품질관리에 의해 초기 미생물 수를 아주 낮은 수준까지 억제한 식품을 CLASS 100,000 수준의 무균실에서 멸균된 용기에 담고 밀봉하는 방식으로 만들어진다. 무균화 포장된 식품은 미생물이 완전히 없는 것이 아니므로 무균포장식품과 달리 저온(−2~0℃) 유통이 필요하다.

그림 4-3 무균화포장된 즉석밥

② 무균포장과 무균화포장의 이점

무균포장과 무균화포장은 짧은 열처리(또는 비열처리) 시간의 영향으로 통조림이나 레토르트에 비해 향, 색, 조직 및 영양가적 측면에서 많은 이점이 있다.

① 향(Flavor)
유제품의 경우 오랜 시간 가열은 sulfhydryl기에 노출되어 이취(cooked flavor)가 생길 수 있으며, 과하게 열처리된 우유는 단백질 분해(proteolysis)에 의해 쓴 맛이

생길 수 있다.

② 색(Color)

유제품에서 오랜 시간 가열은 마이야르 갈변(Maillard browning)에 의한 변색이 일어날 수 있으며, 채소류는 짧은 시간 가열에 의해 carotene, betanin, chlorophyll, anthocyanin의 손실을 막거나 최소화할 수 있다.

③ 조직(Texture)

식품의 과도한 가열이나 냉동 후 해동에 의한 식품조직의 손상을 최소화할 수 있다.

④ 영양가(Nutritional value)

고온에 노출되는 시간이 짧아 비타민 C 등의 영양소 손실을 줄일 수 있다.

냉살균(비가열살균)

식품의 미생물을 제거하기 위해서는 열을 이용한 가열살균, 열을 이용하지 않는 비가열살균, 균을 분리해내는 원심분리, 균을 걸러내는 여과 등의 방법을 사용할 수 있다. 식품은 열을 받으면 신선도가 떨어지거나 맛, 향미에 영향을 받아 최근에는 다양한 비가열살균법이 개발되고 있다.

1 초고압살균(HPP, High pressure processing)

식품을 플라스틱백 등 유연한 포장재에 포장한 후 초고압 장치에 넣고 물을 매체로 수천 기압 이상의 압력으로 일정시간 동안 처리하여 식품내부에 존재하는 미생물을 사멸시키며 효소도 불활성화시키는 방법이다.

1) 초고압의 효과

① 2,000 bar : 단백질 해리, 세포막 파괴, 효소 반응속도의 변화

② 3,000 bar : 효소의 가역적 불활성화(압력이 없어지면 다시 활성화됨)
③ 4,000 bar : 미생물 및 바이러스 사멸
④ 5,000 bar : 전분이 호화되고, 단백질은 변성 및 침전
⑤ 6,000 bar : 효소가 비가역적으로 불활성화되고 내열성 포자가 사멸된다.

여기서 1bar는 1kgf/cm^{2}이므로, 3,000bar의 압력은 수심 1cm^{2}의 동전에 3ton의 코끼리 한 마리, 6,000bar의 압력은 코끼리 두 마리가 올라가 있는 압력 정도이다. 단위를 메가파스칼(MPa)로 표현하는 경우도 많으며 1MPa은 10bar를 의미한다.

2) 초고압살균의 장점

① 미생물과 효소를 불활성하여 유통기한을 증대시킨다.
② 열을 가지 않아 신선한 품질을 유지할 수 있다.
③ 완제품 상태로 살균 처리되어 2차 오염의 우려가 적다.
④ 원재료 고유의 맛과 향, 영양소를 유지할 수 있다.
⑤ 압력 변화에 따라 미생물 제어 수준을 조절할 수 있다.
⑥ 공정이 짧고 간단하며, 대량 처리가 가능하다.
⑦ 공정 중 2차 부산물 생성이 없다.

3) 적용분야

생과일주스, 과일 및 채소, 육류, 어패류, 즉석밥 등(초고압상태에서는 조직의 안팎으로 가해지는 압력이 동일해서 밥 등이 뭉개지지 않고 처리할 수 있으며, 심지어 계란 노른자도 터지지 않고 살균 처리할 수 있다.)

참고 사이트
https://www.echigoseika.co.jp/enjoy/high-pressure-technology/

2 고전장 펄스

식품을 고전장 펄스 형태로 수 10kV/cm 정도의 고전압 전기장에 노출시켜 미생물의

세포벽 파괴를 유도하여 사멸시키는 방법이다. 이 방법은 세포벽을 파괴시키기 때문에 살균 목적 이외에도 과일의 착즙 효율을 높이는 등의 용도로도 사용되고 있다.

1) 장점

① 열을 거의 발생하지 않는다.
② 액체 식품(주스, 우유, 맥주, 약주, 포도주 등)에 대해 연속 작업이 가능하다.
③ 영양소와 향미의 파괴가 거의 없다.

2) 단점

아래의 문제 때문에 고전장 펄스 방식은 단독사용보다는 가열살균의 보조적 방법으로 사용되는 경우가 많다.

① 포자를 충분히 사멸시키지 못한다.
② 지방이 많은 식품에 적용하기 어렵다.
③ 액상제품에 국한된다.
④ 기포(Air bubble)가 있는 경우 electric arc가 발생하여 과도하게 열이 발생할 수 있다.

3 방사선

방사선 조사는 비가열 살균기술 중 가장 먼저 제품생산에 이용된 기술이다. 아직은 방사선에 대한 두려움 때문에 조사식품을 피하는 소비자들이 있지만 WHO와 FAO에서는 10kGy 이하의 조사는 모든 식품에서 안전하다고 입증하고 있다. 식품의약품안전체에서는 조사식품(Irradiated food)을 "식품에 이온화 에너지를 쏘여 식품의 품질을 보존하거나 미생물학적 안전성을 향상시킨 식품을 말한다. 대상이 되는 식품들은 유해미생물이나 해충이 오염되어 위생적 품질 향상이 필요하거나 저장 기간 연장이 요구되는 식품이다." 라고 정의하고 있다. 방사선 조사는 포장된 상태에서도 처리가 가능

1) 방사선 조사 분류

① 완전 살균(Radappertization) : 30~50kGy, 모든 미생물의 완전살균
② 식중독균 살균(Radicidation) : 5~8kGy, Salmonella 등 병원성 미생물 살균
③ 불완전 살균(Radurization) : 1~3kGy, 일부 부패 미생물, 살충, 발아 또는 발근 억제, 숙도억제 등

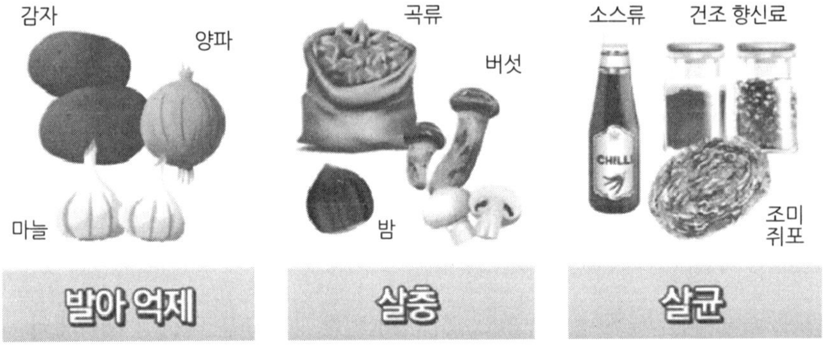

그림 4-4 방사선 조사의 효과(출처 : 식약처)

2) 방사선 조사의 장점

① 강력한 투과력으로 연속처리 공정이 가능하다.
② 살균공정에서 처리시간, 피조사체의 밀도를 제외한 다른 공정인자의 영향을 받지 않는다.
③ 에너지 소비율이 낮다.
④ 환경 친화적이다.
⑤ 비가열살균으로 품질보존이 가능하다.

진공포장(Vacuum packaging)

포장재에 내용물을 넣고 진공조건에서 밀봉하여 호기성 조건에서 증식할 수 있는 곰팡이와 호기성 세균을 억제하여 유통기한을 늘리는 방법으로 한국산업규격(KS T 1039)에

서는 "밀봉 포장 중에서 공기를 흡인 배기하여 물품의 변질 등을 방지하는 것을 목적으로 하는 포장 방법"으로 정의하고 있다. 포장재 내부에 공기가 없기 때문에 내용물이 포장용 필름과 밀착하며, 레토르트 살균에 적합하다. 하지만 기체 차단성이 나쁜 필름을 사용하면 기체가 필름을 투과하여 포장 내부의 산소량이 증가할 수 있다.

1 진공포장 방법

1) 노즐식(Nozzle vacuum) 탈기법

노즐을 포장재 안에 넣고 입구 쪽에서 공기를 빨아들여 진공으로 하는 방식이다. 슬라이스햄 등을 진공포장할 때 사용된다.

2) 챔버식(Chamber vacuum) 탈기법

식품공장에서 대부분 사용하는 방식으로 챔버(밀폐식 용기) 안에 여러 개의 포장재를 넣고, 챔버 내부 전체의 공기를 제거한다.

3) 기계적 압착(Counter pressure vacuum) 탈기법

기계 또는 수압으로 눌러 파우치 내부의 공기를 빼내고 즉시 밀봉하는 방식이다.

4) 스킨팩(Skin pack)

필름 위에 식품을 놓은 후 위쪽에 다른 필름을 올린 후 진공포장하는 방식이다. 포장재료가 투명해 내용물이 잘 보이고, 식품의 형태를 살려 외관이 우수한 장점이 있다.

5) 스팀플러쉬법

통조림을 제조할 때처럼 레토르트 파우치 상부의 공기(Air in head space)에 스팀을 불어넣어 공기를 제거하는 방식이다.

가스치환포장(Gas flush packaging)

가스충전포장이라고도 하며 한국산업규격(KS T 1040)에서는 "밀봉 포장 중에서 공기를 흡인 배기하고 대신에 질소, 이산화탄소와 같은 불활성 가스를 치환하여 물품의 변질 등을 방지하는 것을 목적으로 하는 포장 방법"으로 정의하고 있다. 포장 내의 산소를 제거하고 반응성이 없는 가스를 넣어 유지, 비타민 C, 색소, 향기성분의 산화와 호기성 미생물(세균, 효모, 곰팡이)과 곤충의 혼입 등을 방지할 수 있다. 식품에 다른 가공을 하지 않고도 신선함을 유지시킬 수 있어 최근 널리 보급되고 있다.

1 사용되는 불활성 가스의 종류

불활성 가스로는 질소(N_2), 이산화탄소(CO_2), 특수한 용도로 산소(O_2)가 사용된다.

1) 질소

질소는 공기 중에 78%를 차지하여 가격이 저렴하고, 무미, 무취, 무색으로 거의 반응하지 않으며, 무해, 무독한 기체이다. 하지만 미생물 억제 효과는 없어서 질소가스만을 사용한 경우에는 곰팡이, 부패균의 증식을 억제하기는 어렵다. 과자, 녹차, 커피 등에 산화방지, 변색방지, 향기보호 등을 위해 사용된다.

2) 이산화탄소

이산화탄소는 물이나 기름에 녹는 성질이 있어 수용액 중의 탄산에 의해 약한 산성을 나타내어 식감에 영향을 미칠 수 있다. 질소와 달리 미생물 증식과 해충 발생을 억제하는 효과가 있다. 육류, 비엔나소시지, 두류, 곡류 등 미생물에 취약한 제품에 사용된다.

3) 산소

고기나 생선의 붉은 색을 발색시키기 위해서 사용된다.

4) 혼합가스

이산화탄소는 질소에 비해 플라스틱 필름을 잘 통과하기 때문에 이산화탄소만 100% 넣으면 포장재 밖으로 빠져나와 진공상태가 될 수 있다. 투과가 어려운 질소와 이산화탄소를 같이 넣으면 포장재 내부가 감압상태가 되는 것을 방지할 수 있다. 육류의 경우 발색을 위한 산소와 보존성을 위한 이산화탄소의 혼합가스를 사용하는 경우가 있다.

표 4-4 식품별 가스 사용 및 목적

식품 종류	가스 조성	목 적
우 유	O_2+CO_2	변색 방지, 부패 방지
분 유	N_2, CO_2+N_2	산화 방지
커 피	N_2	향기 보호
녹 차	N_2	향기 보호, 비타민 감소 방지
스낵류	N_2	산화 방지, 해충 방지, 부서짐 방지
치 즈	CO_2, N_2+CO_2	곰팡이 방지, 산화 방지
빵가루	CO_2, N_2+CO_2	곰팡이 방지, 산화 방지

2 가스치환포장의 장점

1) 유지성분의 산화방지
2) 비타민 C 등 유효성분의 보존
3) 향기성분의 산화에 의한 이취 방지
4) 색소의 산화에 의한 변색 · 탈색 방지
5) 곰팡이, 호기성균, 효모에 의한 부패 · 발효 방지
6) 해충 방지

3 가스치환 방법

1) 노즐(Nozzle)식 가스치환법

노즐식 탈기법으로 포장재 내부의 공기를 제거한 후, 포장재가 식품과 밀착된 상태에

서 불활성 가스를 넣어 치환하는 방법이다. 가스 사용량이 적고, 설비비가 저렴한 장점이 있으나 가스치환율은 좋지 않다. 생산되는 장치는 탈기와 가스치환이 겸용으로 사용가능한 것이 대부분이다.

2) 챔버(Chamber)식 가스치환법

챔버식 탈기법으로 공기를 제거한 후, 불활성 가스를 넣어 밀봉하는 방법이다. 탈기할 때와 가스를 불어넣을 때 챔버 내부의 압력이 동일하여, 필름이 식품에 밀착되지 않는다. 챔버 내부 전체를 진공상태로 만들기 때문에 가스치환율이 매우 좋아 산소농도를 0.1% 이하까지 줄일 수 있다.

3) 가스플러쉬(Gas flush)법

포테이토칩 등 기름에 튀긴 과자류에 사용하는 방법으로 봉투를 밀봉하기 직전에 질소나 탄산가스를 불어넣는 방법이다.

탈산소제(Oxygen absorber) 봉입포장

내용물과 함께 탈산소제를 같이 넣어 밀봉하는 방법으로 외부에서 유입되는 산소까지 흡수할 수 있어 오랜 시간동안 낮은 산소농도를 유지할 수 있다. 특별한 장치 없이 탈산소제를 투입할 수 있어 도입비용이 적은 장점이 있어 생산 초기에 적용하고, 생산규모가 커지면 가스치환포장으로 전환할 수 있다. 하지만 탈산소제는 소비자가 국수 등을 끓이다가 실수로 봉지 안의 탈산소제를 국물 속에 빠뜨릴 수 있는 문제, 생산속도가 느려지는 문제가 있어 최근에는 산소를 흡수하는 기능을 갖는 포장재에 대한 연구가 진행되고 있다(PET 맥주 뚜껑의 Vit-C를 이용한 scavenger 등). 최근에는 탈산소제는 식품에 사용되는 것 이외에도 의약분야, 기계전자분야, 문화재 보호 및 실험실에서의 혐기성 조건 조성 등 많은 분야에 적용되고 있다.

❶ 탈산소제 봉입포장의 효과

1) 곰팡이 발생 방지 : 곰팡이는 절대호기성균으로 탈산소제를 사용하면 곰팡이 발생을 완전히 방지할 수 있다.
2) 지방, 비타민 C의 산화 방지, 이취 방지 및 변색 방지
3) 해충방지 : 완전 혐기성 조건(0.1% 미만)에서는 바구미, 줄알락명나방, 쌀도둑거저리 등의 해충과 그 알도 완전히 사멸시킬 수 있다.
4) 녹발생 방지 : 산소가 없는 조건에서는 녹도 발생하지 않는다.

❷ 탈산소제의 종류

1) 탈산소제 재료에 의한 분류

탈산소제는 재료의 면에서는 활성화된 철가루를 이용한 철계, 비타민C(Ascorbic acid)와 같은 유기계 화합물을 이용한 유기계가 있다. 철계 탈산소제가 개발되기 전에는 Hydrosulphite를 이용한 것도 있었으나 아황산가스의 발생으로 지금은 이용되지 않고 있다.

2) 사용방법에 따른 분류

(1) 수분의존형 : 탈산소제는 다공성 필름 안에 탈산소제를 넣어 사용하는 방법으로 식품포장재에 넣기 전부터 반응을 시작하는 문제가 있다. 이 문제를 해결하기 위해 수분이 많은 식품의 포장재 안에 넣었을 때부터 반응이 시작되도록 조치한 것이 수분의존형이 반응이 시작되기 위해서는 수분이 필수적이다.

(2) 자력반응형 : 수분의존형의 사용이 어려운 경우 수분이 없이도 반응할 수 있도록 한 것으로, 탈산소제를 넣은 필름의 통기성을 조절하여 반응시간을 조절하는 방식이다.

❸ 탈산소제 봉입포장의 주의사항

1) 탈산소제 종류와 크기 결정

탈산소제는 용도에 맞게 다양한 종류와 크기의 제품이 있으므로 식품의 성질, 포장형태에 따라 선택할 수 있고, 포장 내 산소의 양을 측정 또는 계산하여 탈산소제의 크기를 결정해야 한다.

2) 봉입위치

탈산소제가 포장재에 밀착되어 있으면 탈산소 속도가 늦어질 수 있다. 탈산소제가 포장재 내부의 공기와 충분히 접촉할 수 있는 위치에 놓아야 한다. 내용물에 의해 탈산소제의 표면이 오염되는 경우에도 탈산소 효율이 떨어질 수 있다.

3) 포장용기(tray, film)의 가스차단성

탈산소제를 넣어도 포장재의 가스차단성이 낮으면 효과가 떨어질 수 있다. 권장되는 기체 투과도는 200 mL/m^2 · day · MPa · 20℃ 정도로 EVOH, VMPET, 알루미늄 호일 등 기체 차단성이 우수한 필름을 사용할 필요가 있다.

4) 밀봉(Sealing)

밀봉 불량이 발생할 가능성이 있으므로 밀봉부위를 넓게 하는 것이 좋다.

5) 금속검사기 사용 여부

철계 탈산소제를 사용하는 경우 금속검사기를 사용할 수 없어, 유기계 탈산소제를 사용하여야 한다. 하지만 아직은 유기계 탈산소제는 상대적으로 가격이 비싸 많이 보급되지는 않고 있다. 하지만 아직은 유기계 탈산소제는 상대적으로 가격이 비싸 많이 보급되지는 않고 있다.

6) 발열

철계 탈산소제는 발열반응을 통해 산소를 제거하므로 최대 60~70℃까지 온도가 상승하는 경우도 있다(핫팩과 같은 원리이다). 열에 민감한 제품은 주의할 필요가 있다.

7) 봉입할 때까지의 작업시간과 남은 탈산소제의 처리 방법

탈산소제는 개봉하면 바로 반응을 시작하여 가능하면 빨리 사용하여야 하고, 사용하고 남은 것은 다시 사용할 수가 없다. 보통 사용가능시간은 자력반응형은 4시간, 수분의존형도 최대 1일 정도이다.

8) 감압현상 발생

공기 중 산소분압은 약 21%로 탈산소제에 의해 흡수되면 포장재가 제품에 밀착될 수 있다. 카스테라와 같이 식품의 볼륨이 중요한 경우에는 주의할 필요가 있다.

9) 발효 및 부패방지 효과는 없음

산소가 제거되어 곰팡이의 증식은 차단할 수 있지만, 효모나 혐기성 세균 등 산소가 없어도 증식 가능한 미생물은 차단할 수 없다.

10) 이산화탄소에 의해 탈산소 능력 감소 가능

탈산소제의 종류에 따라 이산화탄소 농도에 영향 받는 것이 있다. 그러므로 탄산가스 치환포장과 병행하는 것은 효과가 떨어질 수 있다.

11) 저온 보관 시 탈산소 속도 느려짐

탈산소제의 최적온도는 20~40℃로 포장 후 저온저장 시 효과가 떨어질 수 있다.

12) 식품에 따라 변색, 탈색, 향기 변화가 촉진되거나, 이취가 발생하는 경우도 있음

건어물, 오징어 등의 경우 탈산소제를 사용하였을 때 이취가 발생할 수 있으므로 사전

테스트 후 사용할 필요가 있다.

❹ 진공포장, 가스치환포장, 탈산소제 봉입포장 비교

표 4-5 진공포장, 가스치환포장, 탈산소제 봉입포장 비교

	진공포장	가스치환포장	탈산소제 봉입포장
원리	포장 내부의 공기를 진공으로 하여 제거	포장 내부의 공기를 불활성 가스로 치환	포장 내부의 공기를 봉입된 탈산소제가 제거
산소 제거율	불완전(조직 내 산소 제거 어려움)	보통 2~4% 잔존	완전 제거(조직 내 산소 및 외부에서 유입되는 산소 지속 제거 가능)
산화 방지	효과 있음	효과 있음	효과 매우 큼
포장 내 산소량 변화	포장 내외의 압력차에 의해 필름의 종류에 따라 산소증가 가능	필름의 종류에 따라 포장 내 산소 증가 가능	유입되는 산소도 흡수하여 장기간 포장 내 산소 증가 없음
미생물	곰팡이 및 호기성 미생물 증식 가능. 미량의 호기성 환경으로 통성혐기성균 증식용이	곰팡이 및 호기성 미생물 증식 가능. 미량의 호기성 환경으로 통성혐기성균 증식용이 CO_2 사용 시 편성 혐기성균 증식용이	곰팡이 및 호기성 미생물 완전 억제 가능
설비비	설비 필요 대량생산 가능	설비비용 비쌈 대량생산 가능	설비 요구되지 않음 자동투입기 사용 시 대량생산 가능
기타 문제점	외형 변형		약 20% 용적 감소 (가스치환제 사용 가능) 철계 산소흡수제 사용 시 금속검출기 사용 안 됨.
가격	싸다	싸다	비싸다

통조림 포장

전쟁이나 지구의 종말을 다룬 영화를 보면 항상 나오는 것이 통조림인 만큼 통조림은 가장 긴 유통기한을 갖는 포장방법이다. 통조림 포장되고 있는 식품에는 생선, 조개류, 과일, 채소류 이외에도 음료수, 맥주 등 다양하다. 통조림은 그 내용물의 pH, 수분활성도(Aw, water activity)에 따라 살균하는 법에 차이가 있다.

1 식품공전에서의 통조림 포장

1) 통조림식품의 정의

식품공전에서는 통·병조림식품을 "식품을 통 또는 병에 넣어 탈기와 밀봉 및 살균 또는 멸균한 것"으로 정의하고 있다.

2) 제조·가공기준

① 멸균은 제품의 중심온도가 120℃ 4분간 또는 이와 동등이상의 효력을 갖는 방법으로 열처리하여야 한다.

② pH 4.6을 초과하는 저산성식품(low acid food)은 제품의 내용물, 가공장소, 제조일자를 확인할 수 있는 기호를 표시하고 멸균공정 작업에 대한 기록을 보관하여야 한다.

③ pH가 4.6 이하인 산성식품은 가열 등의 방법으로 살균 처리할 수 있다.

④ 제품은 저장성을 가질 수 있도록 그 특성에 따라 적절한 방법으로 살균 또는 멸균 처리하여야 하며 내용물의 변색이 방지되고 호열성 세균의 증식이 억제될 수 있도록 적절한 방법으로 냉각하여야 한다.

3) 규격

① 성상 : 관(罐) 또는 병뚜껑이 팽창 또는 변형되지 아니하고, 내용물은 고유의 색택을 가지고 이미·이취가 없어야 한다.

② 주석(mg/kg) : 150 이하(알루미늄 캔을 제외한 캔 제품에 한하며, 산성 통조림은 200 이하이어야 한다.)

③ 세균 : 세균발육이 음성이어야 한다.

> 메모
> 산(Acid)이 낮은 밀봉포장 제품(pH 4.6 이상, 수분활성도 0.85 이상)을 저산성 식품(LACF : Low acid canned food)라고 하고, 저산성 식품이지만, 빠른 부패를 막기 위해서 산 또는 산성 식품을 첨가하여 최종적으로 pH 4.6 이하 또는 수분활성도 0.85 이상으로 조절한 밀봉포장 제품을 산성화된 식품(Acidified food)라고 한다.

2 통조림 식품 제조 공정(과채류 사례)

원료의 전처리 – 껍질 벗기기 – 충전 – 탈기 – 밀봉 – 가열살균 – 냉각

1) 원료의 전처리

재료를 선별 및 선과, 먹을 수 없는 부분을 제거, 세척 및 데치기 하는 과정이다. 데치기는 채소나 해물을 끓는 물에 잠깐 넣어 표면을 가볍게 익히는 조리법으로 통조림을 만들 때 데치기(Blanching)의 효과는 다음과 같다.

(1) 산화효소를 불활성화시켜 식품성분이 산화되는 것을 방지한다(가공 중의 색, 향미 손실 및 비타민 손실 방지).

(2) 과일과 채소 내부의 공기를 줄여준다(통조림 내부의 진공도를 높이고, 캔의 부식을 방지하며, 제품의 향미를 유지할 수 있다).

(3) 조직을 부드럽게 하여 가공이 쉬워진다.

(4) 껍질 벗기기, 절단 등 가공 공정의 예비조작의 효과를 갖는다.

(5) 원료를 깨끗하게 할 수 있다.

(6) 원료에 따라서 색소를 고정시키고, 원료의 불쾌한 냄새를 제거할 수 있다.

2) 껍질 벗기기

소규모일 때는 손으로 껍질을 벗기지만(Hand peeling), 대규모일 때에는 산 · 알칼리나

증기, 기계를 사용하여 껍질을 벗길 수 있다.

(1) 기계 박피(Mechanical peeling) : 롤러나 솔 등을 조합하여 만든 연마박피기를 이용하여 껍질을 벗긴다(감귤, 사과, 배).

(2) 산 박피(Acid peeling) : 80℃ 이상으로 가열한 1~2% HCl 또는 15% 황산용액에 침지한 후 껍질을 벗긴다(감귤류 속껍질 제거).

(3) 알칼리 박피(Lye peeling) : 90~95℃로 가열한 1~3%의 NaOH 용액에 침지한 후 물로 씻고 껍질을 벗긴다(구근류).

(4) 증기 박피(Steam peeling) : 스팀을 과일의 표면에 분사한 후 껍질을 벗긴다(복숭아, 토마토).

3) 담기, 충전

전처리 과정에서 손상된 것을 제외하고, 형태와 크기별로 선별하여 내용물을 용기에 넣는 공정이다. Head space의 공기를 제거하기 위해 액즙(소금물이나 설탕물, 참치캔은 카놀라유를 사용한다)을 주입한다.

4) 탈기

통조림은 내부의 기체를 충분히 제거하지 않으면 온도가 상승했을 때 부피가 팽창하여 용기가 변형, 파손되거나, 산소에 의해 화학적, 미생물학적으로 변질될 수 있다.

(1) 탈기의 목적

① 열처리 중 내용물의 팽창에 의한 밀봉부분 파손 방지

② 산소농도를 낮추어 내용물의 화학적 변화 감소 및 통조림 내면 부식 억제

③ 호기성 세균 발육 억제(산소 제거)

④ 뚜껑과 밑바닥을 오목하게 만들어 변패관 검출용이

⑤ 내용물의 향미, 색깔, 영양가의 손실 방지(산화에 의한 퇴색, 지방산화, 비타민 등 영양가 파괴 방지)

(2) 탈기방법

① 가열탈기법

뜨거운 내용물을 용기에 넣고 바로 밀봉하거나 가밀봉한 후 탈기상자(Exhausting box)에 넣어 내부의 기체를 제거하고 가열된 상태로 밀봉하는 방법으로 액체식품이나 염수사용 제품에는 효과 있으나, 고체 식품은 열팽창률이 적어 효과가 적다. 열에 민감한 식품은 다른 방법으로 탈기해야 한다.

② 진공탈기법

고체 식품(육류, 생선 등) 통조림을 만들 때 많이 이용되는 방법으로 설비를 설치할 때 넓은 면적이 필요하지 않고, 증기 사용량이 적어 효율적으로 다량처리가 가능하고, 식품의 가열에 의한 영향을 최소화할 수 있는 방법이다. 하지만 Head space의 공기만 제거되어 밀봉한 후 내용물 조직 내의 공기가 빠져나와 시간 경과에 따라 진공도가 떨어질 수 있다.

③ 수증기 분사법

Head space의 공기를 수증기를 분사하여 진공으로 만드는 방법으로 조직 중에 용해된 공기가 적은 고체 식품에 이용된다.

④ 가스치환법

불활성가스인 질소(N_2)와 이산화탄소(CO_2)로 용기 내부의 공기를 치환시키는 방법으로 녹차, 분유, 맥주 등의 제품에 이용된다.

5) 밀봉

내용물을 채우고 탈기가 끝난 통조림은 미생물이나 공기가 혼입되는 것을 방지하기 위해 바로 밀봉을 한다. 통조림의 밀봉에는 이중밀봉기(Double seamer)라는 설비가 이용된다.

(1) 이중밀봉기 구조

① 롤(Roll) : 통조림을 회전시키면서 뚜껑과 몸통의 가장자리를 말아 붙이는 역할을 한다. 1번롤과 2번롤(1'st & 2'nd operation seaming roll)로 구성되며 1번 롤로 뚜

껑과 몸통을 겹쳐 굽힌 후 2번 롤로 세게 눌러 밀봉시킨다.

② 척(Chuck) : 뚜껑을 고정시키고 위에서 아래로 눌러주는 역할을 한다.

③ 리프터(Lifter) : 공캔을 위로 밀어 올리는 역할을 한다.

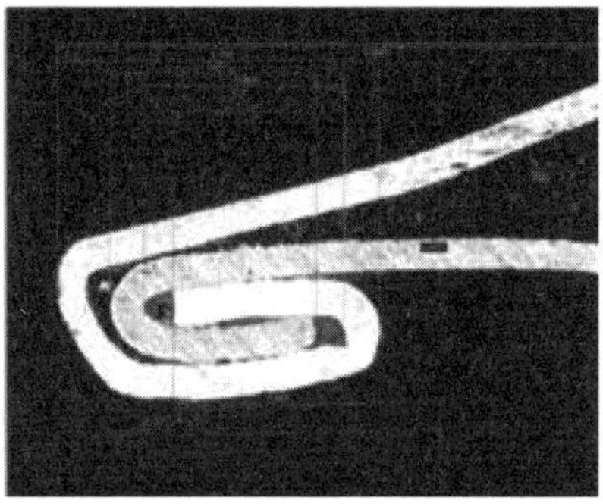

그림 4-5 이중권체의 절단면

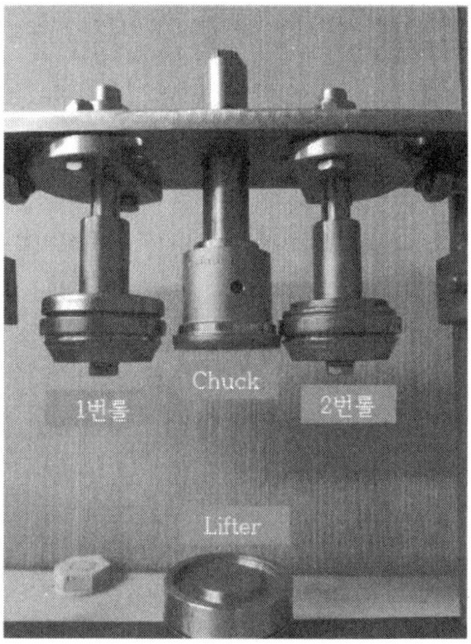

그림 4-6 이중권체기

참고 동영상
https://www.youtube.com/watch?v=nX6fex8Mi-I

6) 살균

(1) 냉점(Cold point)

① 식품에서 대류, 전도 등의 현상에 의해 움직이는 열이 가장 늦게 도달하는 부분으로 냉점에 열이 전달되는데 소요되는 시간은 대체로 용기 직경의 제곱에 비례한다.

② 냉점 영역은 가열에 의한 살균 효과가 가장 취약한 부분이며, 냉점까지 살균이 완료되어야 통조림 내용물의 미생물적 안전성을 확보할 수 있다.

③ 통조림 내용물에 따라 열전달 방식이 다르므로 냉점의 위치가 달라진다(열전도형 식품은 공간의 중심, 대류형 식품은 중심보다 아래에 위치).

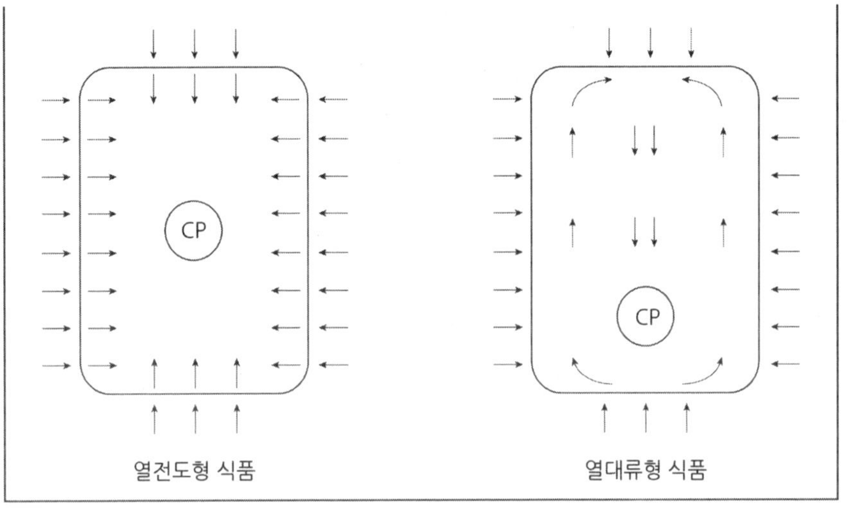

그림 4-7 통조림 식품의 열전달 방식에 따른 냉점의 위치 변화

7) 냉각

(1) 살균 후에 통조림이 고온에 머무는 시간이 길어지면 과열에 의해 내용물의 연화, 황화수소(H_2S)의 발생에 의한 통조림의 변색의 우려가 있다.

(2) 스트루바이트(Struvite)와 급속냉각

① Struvite란 : 통조림을 개관하였을 때 내용물 중에 생성된 무색 또는 약간의 착색된 무독성의 유리모양의 결정

② 성장기구

- 분자 구조식 : $Mg(NH_4)PO_4 \cdot 6H_2O$
- 원료육 중 마그네슘 및 인 화합물과 암모니아가 살균 중에 결합한 후 고온에서 용해도가 높아 가용화 되어 있으나, 냉각 시 특히 성장적온에서 용해도가 감소하여 고기표면에 석출하고, 저장 중에 결정이 성장하여 발생

③ 성장 적온 및 pH

- 성장 적온 : 30～50℃
- pH에 따라 용해도가 달라지며, 일반적으로 산성에서는 가용성이나 중성이나 알칼리성에서는 난용성(pH 4.0 이하의 산성에서는 거의 가용화)

④ 급속냉각의 목적

- 호기성 세균 발육 억제(최적온도 50~55℃)
- 과열에 의한 내용물의 조직 연화 및 황화수소 발생 억제
- Struvite에 의한 결정 방지 : Struvite란 통조림을 개봉하였을 때 내용물 중에 생성된 무색 또는 약간의 착색된 무독성의 유리모양의 결정으로, 원료육 중의 마그네슘 및 인 화합물과 원료육의 분해산물인 암모니아가 살균가열 중에 결합하여 냉각할 때 표면에 적출되고 저장 중에 결정이 성장한다. 이 결정의 성장 적온은 30~50℃(결정의 최대 성장대)로 통조림을 가열 살균 후 완만하게 냉각하면 이 온도대를 통과하는 시간이 길어져 결정이 커진다($Mg(NH_4)PO_4 \cdot 6H_2O$).

⑤ 최종온도

- 미생물 발육 억제 : 40℃ 이하
- Struvite 결정 방지 : 30℃ 이하

3 통조림 식품의 장점

1) 장기간 보존이 가능하다.
2) 운반과 수송이 편리하다.
3) 바로 먹을 수 있도록 조리된다.
4) 비교적 값이 싼 위생식품이다.

4 통조림의 변패

1) 내용물에 의한 변패

대부분의 통조림 변패는 포자를 형성하는 고온균에 의한 변패로, 이러한 변패에는 Flat sour 변패, TA 변패, 황화물 변패가 있다.

① 평편 산패(Flat sour)

살균 부족 등으로 *Bacillus* 속의 통성 또는 편성 호열성 세균이 발육하여 생긴 유기

산 생성으로 내용물 식품이 시게 되는 변패로 양끝이 평편하여 Flat sour라고 한다. 외관상 변화가 없어(가스 생성 없음) 캔을 개봉한 후 pH 측정이나 세균검사를 통하여 알 수 있다. 토마토 과즙, 옥수수, 채소류나 육류 통조림에 많이 나타난다.

② TA(Thermophilic anaerobe) 변패

고온성의 혐기성균(TA)인 *Clostridium thermosaccharolyticum*에 의한 변패로 식품에 산과 가스를 생성하며, 이 가스는 CO_2와 H_2의 혼합물로 높은 온도에 오래두면 캔이 팽창한다. 변패된 식품은 시고 치즈 냄새가 난다.

③ 황화 흑변(Sulfide spoilage)

황화 흑변의 원인은 내용물에 의한 것과 미생물에 의한 변패가 있다. 내용물에 의한 변패는 육류를 가열할 때 내용물 중에 함유되어 있는 단백질 thiol기(−SH)가 환원되어 황화수소(H_2S)가 발생되고 용기 또는 내용물에서 유래한 금속성분과 결합하여 캔의 내면에 흑변이 일어나는 현상이다. 미생물에 의한 변패는 혐기성 고온균인 *Desulfotomacu lum nigificans*에 의해 황화수소가 생성되어 발생한다.

④ 주석의 이상 용출

오렌지, 토마토주스의 경우 내용물에 함유하고 있는 질산이온에 의해 주석의 이상 용출이 촉진된다. 통조림을 개봉한 후에는 내용물이 공기와 접촉하여 주석 용출이 급속히 증가하기 때문에 남은 내용물은 유리 혹은 사기그릇에 옮겨 보관하는 것이 좋다.

2) 외관상의 변패

① 팽창(Swell, Blower)

- 통조림의 상하 양면이 볼록하게 부풀어 있는 상태로 팽창면에 외부 압력을 주어 팽창한 상태로, 외관 상태로 보아 soft swell과 hard swell로 구분
- 수소가스 발생으로 인한 팽창으로 hydrogen swell(수소팽창)이라고도 한다.

② 플리퍼(Flipper)

- 통조림의 뚜껑이나 밑이 거의 편평하나 한쪽 면이 약간 올라온 상태이며 손끝으로 누르면 소리를 내며 원상태로 돌아가기도 하는데 탈기부족, 과다 충전, 세균학

적인 가스의 경시적 발생에 의한다.

③ 스프링거(Springer)

- 통조림의 뚜껑이나 밑바닥 중 어느 한쪽 면이 flipper보다 심하게 팽창하여 손끝으로 누르면 팽창하여 있지 않은 반대편이 볼록해지고 손을 떼면 다시 튀어나오는 상태를 말하여 과다충전, 탈기부족 또는 swell이 진행되는 도중에 발생한다.

④ 리커(Leaker)

- 내용물에 의해 캔이 부식되거나 못 등에 의하여 외부에 상처가 발생하여 내용물이 유출되는 현상이다. 외부 포장이 불량하거나 밀봉이 잘 안되거나, 캔이 내용물에 의해 침식되어 pin hole이 생기는 것이 원인이다.

⑤ 버클링(Buckling, Peaking)

- 캔의 과한 내압력, 즉 캔의 내압이 외압보다 커져서 캔의 탄성한계를 넘어설 때 생기는 엔드의 영구적 돌출변형 캔의 약한 내압력, 가열증기의 급격한 배출, 탈기부족, 살균 전의 부패나 수소 팽창, 과다 충전 등이 원인

⑥ 패널링(Panelling)

- 버클링과 반대되는 현상으로 캔 외압에 비해 내압이 극히 낮을 경우 캔 바디의 일부가 외압에 의하여 안쪽으로 쭈그러들어 생기는 변형 현상
- 캔 내 진공도가 높거나 헤드 스페이스가 과다할 때 생기는 현상

"레토르트(Retort) 포장"

1 식품공전에서의 레토르트 포장

1) 레토르트 식품의 정의

식품공전에서는 레토르트 식품을 "단층 플라스틱필름이나 금속박 또는 이를 여러 층으로 접착하여, 파우치와 기타 모양으로 성형한 용기에 제조 · 가공 또는 조리한 식품을 충전하고 밀봉하여 가열살균 또는 멸균한 것"으로 정의하고 있다.

2) 제조 · 가공기준

① 멸균은 제품의 중심온도가 120℃, 4분간 또는 이와 같은 수준 이상의 효력을 갖는 방법으로 열처리하여야 한다. pH 4.6을 초과하는 저산성식품(low acid food)은 제품의 내용물, 가공장소, 제조일자를 확인할 수 있는 기호를 표시하고 멸균공정 작업에 대한 기록을 보관하여야 한다. pH가 4.6 이하인 산성식품은 가열 등의 방법으로 살균처리 할 수 있다.

② 제품은 저장성을 가질 수 있도록 그 특성에 따라 적절한 방법으로 살균 또는 멸균처리하여야 하며 내용물의 변색이 방지되고 호열성 세균의 증식이 억제될 수 있도록 적절한 방법으로 냉각시켜야 한다.

③ 보존료는 일절 사용하여서는 아니 된다.

3) 규격

① 성상 : 외형이 팽창, 변형되지 아니하고, 내용물은 고유의 향미, 색택, 물성을 가지고 이미 · 이취가 없어야 한다.

② 세균 : 세균발육이 음성이어야 한다.

③ 타르색소 : 검출되어서는 아니 된다.

메모

CUT(Come-up time) : 통조림이나 레토르트의 냉점이 살균온도에 도달하는 시간이다. 통조림의 살균시간은 냉점이 살균온도에 도달하는 시간부터 기준으로 하나, 실제로는 살균온도에 도달하는 동안에도 통조림은 가열되므로 CUT의 몇 %(살균방법에 따라 차이가 있으나 통상적으로 40~42%)는 살균시간에 가산하여야 한다.

2 레토르트의 원리

미생물을 사멸시키기 위한 가열살균에는 가열된 공기를 이용한 건열살균과 열수나 증기 등 수분을 이용한 습열살균이 있다. 살균효과는 습열살균이 훨씬 커서 낮은 온도, 짧은 시간에서도 충분한 살균이 가능하다(건열살균 160℃, 30분과 습열살균 100℃, 30분의 살균효과는 동일하다고 한다). 하지만 뜨거운 물을 이용하는 습열살균은 포자를 형성하는 내열성균을 사멸시기에는 불충분하여 레토르트 포장에서는 고압의 증기를 사용하여 100℃보다 높은 온도까지 올리는 방법을 사용한다.

3 레토르트 장치의 종류

1) 회분(batch)식(현재 주로 사용됨)

① 증기식 - 가열증기 사용

② 열수식 - 가압가열수 사용(현재 주로 사용됨)

- 정치식(non-agitating batch retort) - 레토르트 솥 안에 고정
- 회전식(agitating batch retort) - 레토르트 솥 안에서 회전(가열시간 단축)하는 방식으로 축회전식과 상하반전식이 있다.
- 열수샤워식(Spray식) - 열수를 스프레이 하는 방법

2) 연속식

① 수압식(수직)

② 수봉식(수평)

4 레토르트 파우치용 포장 재료의 요구사항

1) 안전성(유해물질 용출이 없고 법적 기준에 적합해야 한다.)
2) 무미, 무취할 것(특히 첩합 필름에 사용되는 접착제(Sealant) 주의)
3) 내열성이 충분해야 한다.
4) 방습성, 산소차단성이 우수해야 한다.
5) Heat seal에 의해 완전 밀봉되어야 한다.
6) 강도(접합강도, 내핀홀성, 내압성 등)가 적합해야 한다.

5 레토르트 식품 포장 재료의 구성

1) 식품 접촉층

① 식품과 직접 닿는 부분으로 화학변화에 내성이 강해 식품에 영향을 미치지 않아야 한다.
② 포장재의 앞/뒷면이 밀봉되는 부분으로 밀봉이 잘되고 공기가 통하지 않아야 한다.
③ 주로 폴리에틸렌(Polyethylene) 또는 폴리프로필렌(Polypropylene)이 사용된다.

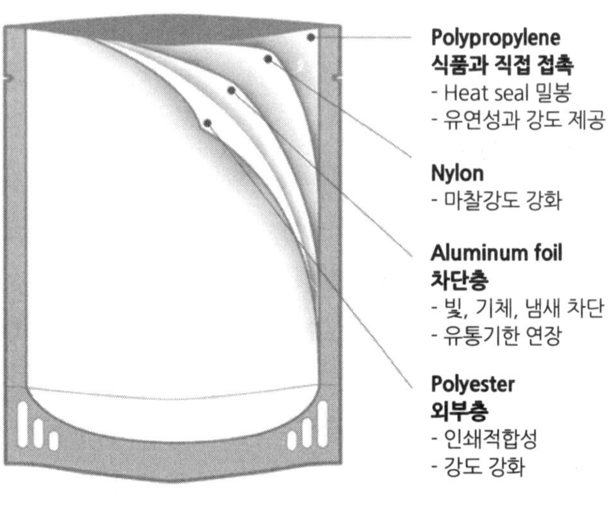

그림 4-8 레토르트 파우치 예

2) 중간층

① 공기나 빛이 통과하지 못하도록 차단하는 역할

② 알루미늄박이 가장 좋은 재질이나, 내용물을 확인할 수 없는 단점이 있어 차단성 필름(Barrier film)을 사용하기도 한다(염화비닐리덴(PVDC), 에틸렌 · 초산 비닐 공중합물(EVOH), 실리카 증착 필름).

3) 바깥층

① 안쪽의 막과 인쇄면을 보호하는 역할(충격이나 열에 쉽게 손상되지 않아야 한다.)

② 폴리에틸렌텔레프탈레이트(PET) 또는 나일론(Ny, PA)

4) 코팅층

① 긁힘, 변색 등의 외층 손상 방지

> **메모** 일반 포장에서는 Nylon(ONy)이 가장 외부층에 사용되는 경우가 많이 있으나, 레토르트 포장에서는 대부분 PET(polyester)가 사용된다. 그 이유는 Nylon은 내열성과 내열수성이 충분하지 않고, PET가 내열성이 우수하고, 습도에 의한 영향이 적기 때문이다. Nylon과 알루미늄 호일은 내용물에 따라 위치가 바뀌는 경우가 있다. 대부분의 경우에는 알루미늄 호일을 보호하기 위해 PP와 알루미늄 호일 사이에 차단성이 좋은 Nylon을 사이에 넣지만, 특정 식품의 산성에 의해 Nylon이 변색되는 경우에는 PP와 Nylon 사이에 알루미늄 호일을 넣어준다.

6 레토르트 식품의 장단점

1) 장점

① 기존의 식품 포장 방식인 캔이나 병보다 가볍고, 납작한 봉지 모양이라서 공간을 적게 차지한다.

② 전자레인지나 뜨거운 물로 데우기만 하면 바로 먹을 수 있어 편리하다.

③ 개봉하기 쉽고 포장이 가볍고 유연해서 다칠 위험이 적다.

④ 공기와 세균을 완전히 제거하여 보존료 등의 첨가물을 넣지 않아도 장기간 보존이 가능하다.

⑤ 포장형태가 납작하여 가열·살균할 때 열이 빠르게 퍼져 조리시간 단축 및 색과 향미가 좋은 제품 제조가 가능하다.

⑥ 포장비가 저렴하고 제조과정에서 소모되는 에너지가 금속 통조림 제조의 1/4 정도로 적다.

2) 단점

① 포장지가 대부분 불투명해 변질된 제품을 식별하기 어렵다.

② 뾰족하거나 날카로운 물체에 포장이 쉽게 파손되어 내용물이 흘러나올 수 있다.

7 Retort의 종류

1) 일반 Retort : 121℃, 4분(*Cl. botulinum* 포자 : 120~121℃, 4분 사멸)

2) Hi retort : 135℃, 8분 이내(*B. subtilis*(고초균) 포자 : 120℃, 7.5~8분 사멸)

3) Ultra retort : 150℃, 2분 이내(*Cl. sporogenes* 포자 : 120~121℃, 15~17분 사멸)

CA 저장과 MA 포장

1 전환기적 상승(Climacteric rise)

과일이 익는 것은 amylase, pectinase 등의 효소에 의한 starch, pectin의 분해 외에도 ethylene(과일의 숙성 촉진)이 중요한 역할을 한다. Climacteric rise형 과일은 Non-climacteric rise형 과일보다 더 많은 ethylene 생산하여 저장 중인 과일의 숙성을 빠르게 한다. 과일의 전처리(절단, 씨앗 제거, 과피 제거)는 호흡률을 2~8배, ethylene 생성을 5~20배 상승시키며, 손상부위가 커지면 효소적 갈변, 펙틴 분해, 미생물 증식이 증가한다.

1) Climacteric rise형 과일

복숭아, 사과, 키위, 바나나, 토마토 등으로 덜 익은 상태에서 수확하여 저장하면 저장 중 숙성이 이루어진다. 하지만 이러한 청과물은 저장고 내의 산소가 줄고 이산화탄소 농도가 증가하면 전환기적 상승이 늦어지고 추숙이 억제되어 장기저장이 가능하다.

2) Non-climacteric rise형 과일

포도, 레몬, 감귤, 체리 등은 후숙이 없어 다 익은 상태에서 수확하여 저장한다.

2 추숙(After ripening)

과일 등이 수확 후에 숙성되는 것을 의미한다. 이 때 에틸렌 가스가 중요한 역할을 하며, 에틸렌 가스를 제거하면 추숙을 억제할 수 있다. 반대로 에틸렌 가스를 넣어주면 덜 익은 과일을 빨리 숙성시킬 수 있다.

메모

가정에서 덜 익은 과일이 있을 경우, 비닐봉투에 덜 익은 과일과 사과나 바나나를 함께 넣고 밀봉하면 사과와 바나나가 방출하는 에틸렌 가스에 의해 빨리 숙성시켜 맛있게 먹을 수 있다.

3 CA 저장(Controlled atmosphere storage)

냉장고 또는 냉장창고 내부의 공기조성을 산소의 농도를 낮추고 CO_2의 농도를 높이는 등 인위적으로 변화시킨 상태로 냉장하여 청과물의 휘산(액체가 기체로 바뀌어 증발되는 현상) 및 호흡속도를 늦추어 저장 중 품질을 유지시키는 방법을 CA 저장이라고 한다.

과일이나 채소류는 줄기에 달려있는 상태에서는 땅으로부터 수분과 영양분을 공급받는다. 호흡급등형(Climacteric rise형) 과채류는 수확 후에도 체내의 영양분(탄수화물, 지방, 단백질 및 수분)을 이용하여 호흡을 계속하며 탄산가스와 수분을 배출하여 성분의 변화, 수분증발, 신선도 저하, 중량감소 등의 변화가 일어나게 된다. 이 때, 탄산가스와 산소의 기체조성을 조절하고 냉장온도 이외에도 습도를 85~95% RH로 유지하면 호흡이 억제되어 오랫동안 품질유지가 가능하다.

1) CA 저장의 효과

① 추숙을 억제하여 과채류의 품질기간을 연장시킨다.
② 영양분 손실 방지 및 외관 변화를 억제한다.
③ 유기산 감소가 억제되어 신맛을 중시하는 과일에 신맛을 부여한다.
④ 이산화탄소에 의해 Chlorophyll의 분해가 억제되고, 변색이 방지된다(엽록소 분해 억제 및 녹색 유지).
⑤ 과육의 연화를 방지한다.
⑥ 발아가 억제된다.
⑦ 방충 및 방서 : 산소 부족으로 벌레 및 쥐가 살 수 없다.

2) 단점

① 설치비용이 비싸고, 지속적으로 냉방, 가스 구입 등 유지비용이 발생한다.
② 가스가 빠져나가지 않도록 밀폐되어야 한다.
③ 저장창고 내외의 가압불균형으로 발생하는 벽의 균열 방지를 위해 압력 완충재를 설치하여야 한다.
④ 식품 종류에 따른 다른 기체조성이 필요하다.
⑤ 숙련된 기술자가 필요하다.

3) CA 저장에 필요한 기본설비

① 냉장장치
② 흡착장치, 활성탄 등
③ 기밀장치, 수산화나트륨, 수산화칼슘 등 탄산가스 소거제
④ 저장과채류에서 발생한 휘발성 유해물질 제거를 위한 공기정화기
⑤ 저장고 내 기압과의 압력조절을 위한 흡기포대
⑥ 가습장치
⑦ Generator
⑧ 저장고 내의 가스분석 장치

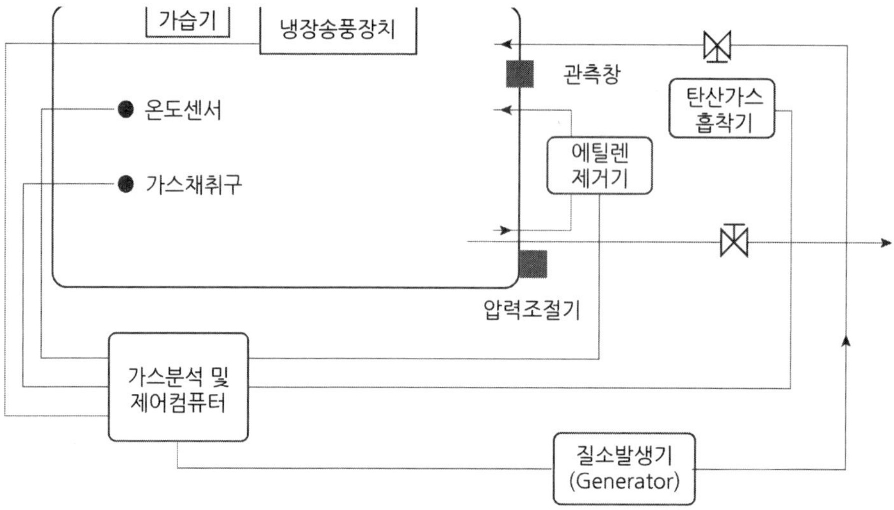

그림 4-9 CA 저장에 필요한 기본설비

메모

가을에 수확한 사과는 일부는 바로 판매되고, 일부는 저온저장, 나머지는 CA 저장창고에 보관된다. 보통 다음해 3월까지 판매되는 것은 온도 0℃, 습도 90%에서 저장하는 저온저장, 4월부터 다음 수확기까지 판매되는 것은 공기조성변화(산소 3%, 질소 3%, 이산화탄소 3% 정도) 및 온도 0℃, 습도 90%에서 저장하는 CA저장을 한다. CA저장은 저온저장의 2배 이상 장기저장이 가능하다.

4 MA(Modified atmosphere) 포장

MA 포장은 포장 내부의 공기조성을 내용 식품의 품질유지, 유통기한 연장을 연장시키기 위한 최적의 조건으로 변경하는 포장법으로 1970년대 플라스틱필름의 보급과 함께 폭넓게 이용되기 시작하였다.

1) MA 포장의 종류

① Active MA 포장

식품을 포장할 때 포장재 안에 미리 질소나 이산화탄소 등의 기체를 넣고 밀봉하는 방법이다.

메모

방담포장(Anti fogging packaging)

플라스틱 필름을 이용하여 MA 포장을 하였을 때, 내용물인 과일 또는 채소의 호흡에 의해 수분이 발생하고, 이 수분이 필름에 결로를 형성하여 필름이 흐려져 내용물이 보이지 않거나, 결로에 의해 발생한 물방울이 식품과 접촉하여 곰팡이 등 미생물의 증식을 유발하여 부패할 수 있다. 방담 포장은 필름에 방담성(防曇性)을 주어 결로가 생기지 않게 한 방담필름을 사용하는 포장 방법이다.

샤워할 때 거울에 비누를 묻히면 뿌옇게 되지 않는 것과 같은 방법으로 방담제라고 하는 계면활성제를 필름에 바르거나 성분으로 넣는 방법 등으로 방담성을 부여한다.

② Passive MA 포장

포장된 식품의 호흡으로 발생된 이산화탄소에 의해 저산소 상태로 만드는 포장방법으로 수확 후 호흡을 계속하는 야채나 과일의 포장에 이용된다. 일반적으로는 이 방법을 MA 포장이라고 한다.

과채류의 호흡량은 종류에 따라 많이 다르기 때문에 적절한 필름의 선택이 필요하다. 호흡량이 그리 크지 않은 과채류는 OPP 필름으로 밀봉포장해도 신선도를 유지할 수 있지만, 브로콜리 등과 같은 호흡량이 큰 것들은 기체투과도가 큰 필름을 사용하거나, 아주 작은 구멍이 뚫려있는 미세공 필름(Microporous film)을 사용할 수도 있다. 미세공 필름의 경우에는 구멍의 개수와 크기를 조절하여 가스 투과량을 조절할 수 있다.

2) 과채류별 MA 포장의 조건

① 사과 : 산소 2~3%, 탄산가스 2~3%

② 배 : 산소 4%, 탄산가스 5%

③ 감 : 산소 1~2%, 탄산가스 5~8%

3) MA 포장의 효과

① 호흡속도 저하

② 에틸렌 생성 저하

③ 색, 조직감의 변화 감소

④ 저온장해 및 생리학적 이상증상 감소

⑤ 저산소 환경으로 병원성균 오염 감소

스마트 포장(Smart packaging)

포장이 기존의 단순히 제품을 보호하는 역할을 벗어나서 포장재 자체가 유통기한을 늘려주는 역할을 하거나 소비자에게 그 식품에 대한 여러 가지 정보를 주는 역할을 하는 것을 스마트 패키징이라고 하며, 이러한 스마트 패키징은 그 범위와 용도가 점점 넓어지고 있다. 스마트 패키징은 크게 활성포장(Active packaging), 지능형 포장(Intelligent packaging), 기계적 포장(mechanical packaging) 3가지를 들 수 있다.

1 활성포장(Active packaging)

활성포장이란 식품의 저장유통기간을 연장시킬 목적으로 포장필름이나 포장용기 내에 기능성 물질을 첨가하는 포장을 의미한다. 첨가된 물질이 포장내부 환경과 상호작용하여 포장재 내부의 기체 환경을 변화시킨다.

1) 산소흡수제(Oxygen scavenger)

탈산소제, 산소흡착제, oxygen absorber라고도 하며 밀봉된 포장 내부의 산소를 흡수하여 식품의 산화를 방지하기 위해 사용된다. 이러한 산소흡수제를 넣은 포장방법을 탈산소제 봉입포장이라고 한다(상세 내용은 탈산소제 봉입포장 참조).

2) 이산화탄소 방출제(Carbon dioxide generator)

산소흡수제를 사용한 식품의 경우 포장 내부에 부분적으로 진공이 걸려 포장형태 및 식품의 형태가 변형될 수 있다. 이때 흡수된 산소만큼 이산화탄소를 만들어 방출하면 진공이 걸리는 것을 방지할 수 있다. 스펀지케이크, 견과류 등에 사용된다.

3) 에틸렌 흡수제(Ethylene scavenger)

실리카겔이나 알루미늄 같은 불활성 무기질에 과망간산칼륨을 고정화한 것으로 식물의 성장호르몬인 에틸렌을 흡수하여 내용물의 숙성을 늦춘다. 과일, 채소 및 기타 원예작물에 사용된다. 과일에 붙어있는 스티커로 에틸렌 흡수제를 사용하는 경우도 있다.

4) 수분 흡수제(Humidity control)

제습제, 건조제라고도 하며, Silica gel, 생석회, 염화칼슘 가공품, Silica alumina 젤, 시트형 건조제 등이 사용된다. 수분흡수제는 외부에서 필름을 투과하여 흡수된 습기 제거, 식품이 제조된 후 포장될 때까지의 공정에서 식품에 흡수된 습기의 제거 및 종이 등의 포장재가 함유하고 있는 수분까지도 제거하는 역할을 한다. 그 중 실리카겔은 안전성이 높고, 흡수속도도 빠르고, 흡습력도 강해 가장 많이 사용되고 있다. 실리카겔은 A형과 B형이 있어, A형은 작은 구멍이 많이 있는 형태로 표면적이 넓어 낮은 수분함량의 내용물에서도 강한 제습력을 보여 주로 식품용으로 사용되고 있다. B형은 큰 구멍이 적게 있는 형태로 비교적 높은 습도에서 강한 제습력을 보이며 건조력은 상대적으로 약하다. B형은 햇빛에 말려 다시 사용할 수도 있는 장점이 있어 주로 전자제품 및 기계의 보관에 사용된다.

5) 알코올 방출제

알코올 선도유지제, 알코올 증산제라고도 하며, 에탄올(Ethanol)을 흡수시킨 분말을 봉투에 넣어 에탄올 증기가 포장 내부에 확산되도록 하여 곰팡이를 억제하는 방법이다. 고가의 차단성이 높은 필름을 사용하지 않고도 곰팡이를 억제할 수 있어 가격적으로 유리하나. 수분이 높은 식품은 알코올이 희석되어 효과적이지 못하고, 수분 함량이 적은 식품(면류 등)에 적용할 수 있다.

수분흡수제(Silica gel)

산소흡수제

에탄올 방출제

그림 4-10 활성포장

② 지능형 포장(Intelligent packaging)

지능형 포장은 식품의 품질과 잔여 유통기한, 유통조건 등의 정보를 제공하기 위해 포장재의 안쪽이나 바깥쪽에 감지기 등을 설치한 것을 의미한다. 주로 사용되는 것에는 TTIs(Time-Temperature Indicators), Gas indicator, 변색 잉크, RFID(Radio Frequency Identification) 등이 있고 앞으로도 다양한 방식이 개발될 것으로 기대된다.

1) TTIs

식품이 유통되었던 시간과 온도를 표시해주는 indicator이다. 유통기간이 경과되거나 유통과정 중 온도가 적정온도 이상 상승하였을 경우에는 감지기의 색이 변해 소비자가 쉽게 알 수 있다.

2) Gas detector

포장 내의 O_2, CO_2 농도의 비율에 따라 색이 변하는 방식으로 봉함이 잘 되었는지, 내부의 육류 등이 신선한가 등의 정보를 제공한다.

3) 변색 잉크

온도에 따라 나타내는 색이 다른 잉크를 사용하여 음료 등이 너무 뜨겁거나, 마시기 좋은 온도 등의 정보를 소비자에게 제공하는 방식이다. 하지만 이러한 잉크는 UV 광선에 노출되거나 121℃ 이상의 온도에 노출되면 변색 기능이 없어져 주의할 필요가 있다.

그림 4-11 변색 잉크를 사용한 맥주

4) RFID

무선통신을 이용하여 내장된 정보를 제공할 수 있는 방식이다. 정보의 읽기/쓰기가 가능하고, 빠른 속도로 인식할 수 있는 등 장점이 있어 제품의 이력추적 등에 효과적으로 사용될 수 있다.

3 기계적 포장

자가냉각캔, 자기발열캔 등 기계적 자극에 의해 화학반응을 일으켜 승온, 냉각 등이 가능한 포장이다.

Nano 기술과 포장 기술

19세기가 산업혁명의 시대라면 21세기는 IT, BT, NT의 시대라고 말한다. 여기서 NT는 Nano technology의 약자로 나노미터(10억분의 1m) 단위의 원자나 분자수준의 물질을 이용하는 기술을 말한다. 1959년에 리처드 파인만(Richard Feynmann)에 의해 그 개념이 제시되었고, 이러한 나노물질들은 원래 물질의 성질과 다른 특별한 성질을 나타내어 많은 산업에 적용되고 있다.

1 포장에 적용되는 나노물질

나노물질은 Polymer Nanocomposites, Nano-coating, Surface biocides 등의 형태로 포장에 적용되고 있다.

1) Polymer Nanocomposites

플라스틱은 산소와 같은 기체를 차단하는 능력이 부족하고, 기름성분이 투과되는 등 몇 가지 문제를 가지고 있다. 이러한 것을 해결하기 위해 그래핀(Graphene), 크레이(Cray),

실리카(Silica), 탄소, 전분, 키틴, 키토산 등의 nano particle을 일반 polymer에 넣어 기능성을 나타내는 방식이다. 이 방식을 사용하여 필름의 기체 및 기름 차단성, 내열성 등을 조절할 수 있다. Nanocomposite로는 Nano-plate, Nano-tube 등이 사용되고 있다.

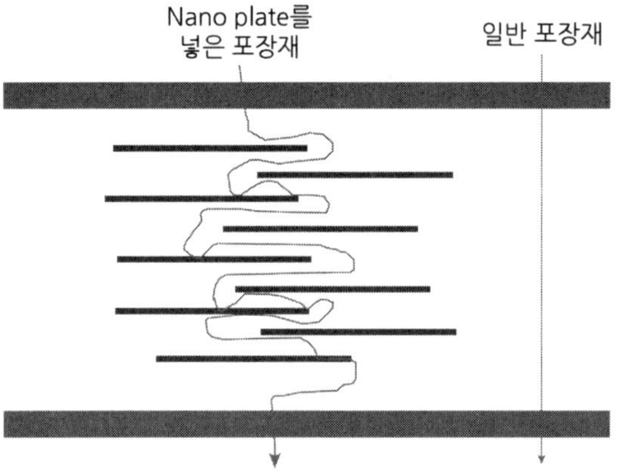

그림 4-12 Nano composite를 사용하였을 때의 기체의 움직임

2) Nano-coating

포장재의 표면을 나노물질을 코팅하여 아주 평평하게 만들거나, 연꽃잎의 털처럼 미세한 물질을 표면에 만들어 액체가 묻지 않도록 하는 방법이다. 과거의 케첩병은 사용 후에 케첩이 벽면에 많이 묻어있었으나, 이 기술을 이용하면 사용 후 간단하게 흔들어주기만 하여도 벽면에 전혀 남지 않도록 할 수 있다.

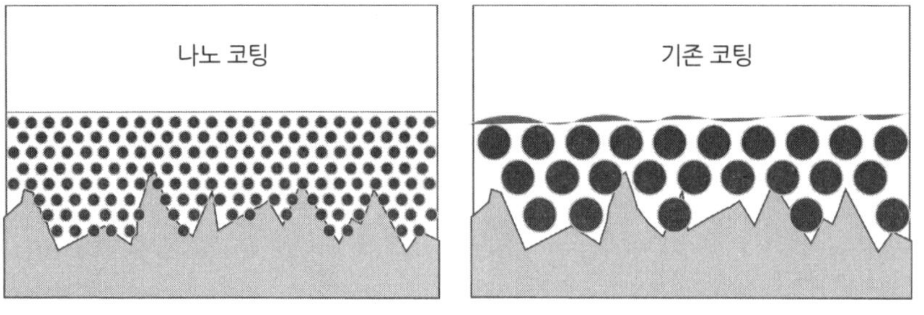

그림 4-13 기존 코팅과 나노 코팅

3) Surface biocide

필름에 나노단위의 은, zinc oxide, titanium oxide, 키토산(chitosan) 등을 넣어 미생물을 죽일 수 있다.

① ZnO, Ag, TiO_2, 키토산 : 세포벽 파괴

② TiO_2 : 활성산소 발생

③ 키토산 : 효소 불활성화

④ Ag, 키토산 : DNA 복제 방해

2 Nano 물질의 주의할 점

Nano 물질에 대한 연구는 아직 진행 중으로 아직 위험성이 검증되지 않은 부분이 많이 있어 충분한 검토와 함께 포장재에 적용될 필요가 있다.

1) 재활용이나 재사용할 때 기존 나노물질이 충분히 제거되지 않아 새로 만든 제품의 품질에 영향을 미칠 수 있다.
2) 포장재에서 빠져나온 나노물질이 먹이사슬에 노출되어 사람이 섭취하게 되었을 때의 잠재적 영향에 대하여 알기 어렵다.
3) 포장재에 함유된 surface biocide 등이 식품이나 음료에 독성을 전이할 가능성이 있다.
4) 외부에 코팅된 나노물질과 다른 물질의 화학 반응 가능성을 배제할 수 없다.

05 친환경 포장

적정포장(Optimum packaging)

소비자에게 오해를 일으킬 수 있는 과대포장, 속임 포장은 우리나라 뿐 아니라 미국, 일본 등 대부분의 나라에서 문제시 되었고, 현재는 대부분의 나라가 이를 금지하는 법안을 적용하고 있다. 한국산업규격(KS T 1013)에서는 적정 포장을 "합리적이면서 공정한 포장. 수송 포장에서는 유통과정에서의 진동, 충격, 압축, 수분, 온도, 습도 등에 의해 물품의 가치, 상태의 저하를 가져오지 않는 유통 실태에 적응한 포장, 소비자 포장에서는 과대, 과잉 포장, 속임 포장 등을 시정하고, 동시에 결함 포장을 없애기 위해 보호성, 안정성, 단위, 표시, 용적, 포장비, 폐기물 처리성 등에 대하여도 적절한 포장"이라고 정의하고 있다.

1 적정포장의 원칙

1) 내용물 보호 및 품질보전이 가능할 것
2) 패키징 재료 및 용기가 안전할 것
3) 내용이 적절하고, 소량의 판매단위로서 편리할 것

4) 내용물의 표시 및 설명이 적절할 것

5) 상품 이외의 공간면적이 필요 이상으로 크지 않을 것(일반 상품에 대해 평균적으로 내용 상품 이외의 공간면적이 20% 이하)

6) 포장비가 내용물에 상응하여 적절할 것(일반적으로 상품 판매가격의 15% 이하)

7) 자원 및 폐기처리상 적절할 것

❷ 제품의 종류별 포장방법에 관한 기준(2016.10.10. 개정)

국내에서도 과대포장을 줄이기 위해 제품의 포장재질·포장방법에 관한 기준 등에 관한 규칙을 제정하고 별표에 "제품의 종류별 포장방법에 관한 기준"을 정하여 관리하고 있다.

표 5-1 제품의 종류별 포장방법에 관한 기준(음식료품만 기재)

<table>
<tr><th colspan="3" rowspan="2">제품의 종류</th><th colspan="2">기 준</th></tr>
<tr><th>포장공간비율</th><th>포장횟수</th></tr>
<tr><td rowspan="5">단위 제품</td><td rowspan="5">음식료품류</td><td>가공식품</td><td>15% 이하
(분말커피류는 20% 이하)</td><td>2차 이내</td></tr>
<tr><td>음료</td><td>10% 이하</td><td>2차 이내</td></tr>
<tr><td>주류</td><td>10% 이하</td><td>2차 이내</td></tr>
<tr><td>제과류</td><td>20% 이하
(데커레이션케이크는 35% 이하)</td><td>2차 이내</td></tr>
<tr><td>건강기능식품(포장내용물 80mL 또는 80g 이하는 제외)</td><td>15% 이하</td><td>2차 이내</td></tr>
<tr><td>종합 제품</td><td colspan="2">1차식품, 가공식품, 음료, 주류, 제과류, 건강기능식품, 화장품류, 세제류, 신변잡화류</td><td>25% 이하</td><td>2차 이내</td></tr>
</table>

1. "단위제품"이란 1회 이상 포장한 최소 판매단위의 제품을 말하고, "종합제품"이란 같은 종류 또는 다른 종류의 최소 판매단위의 제품을 2개 이상 함께 포장한 제품을 말한다. 다만, 주 제품을 위한 전용 계량 도구나 그 구성품, 소량(30g 또는 30mL 이하)의 비매품(증정품) 및 설명서, 규격서, 메모카드와 같은 참조용 물품은 종합제품을 구성하는 제품으로 보지 않는다.
2. 제품의 특성상 1개씩 낱개로 포장한 후 여러 개를 함께 포장하는 단위제품의 경우 낱개의 제품포장은 포장공간비율 및 포장횟수의 적용대상인 포장으로 보지 않는다.
3. 제품의 제조·수입 또는 판매 과정에서의 부스러짐 방지 및 자동화를 위하여 받침접시를 사용하는 경우에는 이를 포장횟수에서 제외한다.

기구 및 용기 · 포장의 기준 및 규격(2019.1)

식품위생법에서는 식품 또는 식품첨가물에 직접 닿아 사용되는 기구 및 용기 · 포장에서 식품으로 이행될 수 있는 위해 우려 물질에 대해 "기구 및 용기 · 포장의 기준 및 규격"을 정하고 있다. 여기서의 잔류규격 및 용출규격은 기구 및 용기 · 포장 제조 시 원료물질 등으로 사용되어 재질 중 잔류하거나 재질에서 식품으로 이행될 수 있는 유해물질에 대한 규격을 의미한다.

1 공통제조기준

가. 기구 및 용기 · 포장의 제조 · 가공에 사용되는 기계 · 기구류와 부대시설물은 항상 위생적으로 유지 · 관리하여야 한다.

나. 기구 및 용기 · 포장의 제조 · 가공에 사용되는 원재료는 품질이 양호하고, 유독 · 유해물질 등에 오염되지 아니한 것으로 안전성과 건전성을 가지고 있어야 한다.

다. 기구 및 용기 · 포장의 식품과 접촉하는 부분에 사용하는 도금용 주석은 납을 0.1% 이상 함유하여서는 아니 되며, 시험법은 Ⅳ. 2. 2-1 납 시험법 가. 잔류시험에 따른다.

라. 기구 및 용기 · 포장의 식품과 접촉하는 부분에 제조 또는 수리를 위하여 사용하는 금속은 납을 0.1% 이상 또는 안티몬을 5% 이상 함유하여서는 아니 되며, 시험법은 Ⅳ. 2. 2-1 납 시험법 가. 잔류시험 또는 2-10 안티몬 시험법 가. 잔류시험에 따른다.

마. 기구 및 용기 · 포장의 제조 또는 수리에 사용하는 땜납은 납을 0.1% 이상 함유하여서는 아니 되며, 시험법은 Ⅳ. 2. 2-1 납 시험법 가. 잔류시험에 따른다.

바. 전류를 직접 식품에 통하게 하는 장치를 가진 기구의 전극은 철, 알루미늄, 백금, 티타늄 및 스테인리스 이외의 금속을 사용하여서는 아니 된다.

사. 기구 및 용기 · 포장 제조 시 식품과 직접 접촉하는 면에는 인쇄를 하여서는 아니 된다. 식품과 직접 접촉하지 않는 면에 인쇄를 하고자 하는 경우에는 인쇄잉크를 반드시 건조시켜야 하며, 이 경우 잉크성분인 벤조페논의 용출량은 0.6mg/L 이하

이어야 하며, 시험법은 Ⅳ. 2. 2-13 벤조페논 시험법에 따른다. 또한 식품과 직접 접촉하지 않는 면이 인쇄된 합성수지 포장재 중 내용물 투입 시 형태가 달라지는 포장재의 경우, 잉크성분인 톨루엔의 잔류량은 2 mg/m^2 이하이어야 하며, 시험법은 Ⅳ. 2. 2-14 톨루엔 시험법에 따른다.

아. 합성수지제, 가공셀룰로스제, 종이제, 전분제 기구 및 용기·포장에 사용되는 재질은 납, 카드뮴, 수은 및 6가크롬의 합이 100 mg/kg 이하이어야 하며, 시험법은 Ⅳ. 2. 2-1 납 시험법 가. 잔류시험, 2-2 카드뮴 시험법 가. 잔류시험, 2-3 수은시험법, 2-4 6가크롬 시험법 가. 잔류시험에 따른다.

자. 동제 또는 동합금제의 기구 및 용기·포장은 식품에 접촉하는 부분을 전면 주석도금 또는 은도금이나 기타 위생상 위해가 없도록 적절하게 처리하여야 한다. 다만, 고유의 광택이 있는 것 또는 고온에서 사용하는 것으로서 표면의 도금이 벗겨질 우려가 있는 것은 제외한다.

차. 기구 및 용기·포장의 제조 시 식품위생법 상 허용된 착색료 이외의 착색료를 사용하여서는 아니 된다. 다만 유약, 유리 또는 법랑에 녹이는 방법, 그 밖에 식품에 혼입할 우려가 없는 방법에 의한 경우는 제외한다.

카. 기구 및 용기·포장의 제조 시 디에틸헥실프탈레이트(di-(2-ethylhexyl)-phthalate, DEHP)를 사용하여서는 아니 된다. 다만, 디에틸헥실프탈레이트가 용출되어 식품에 혼입될 우려가 없는 경우는 제외한다.

타. 식품의약품안전처장은 원재료의 안전성과 관련된 새로운 사실이 발견되거나 제시될 경우 원재료로서 사용가능여부를 검토할 수 있다.

파. 식품 기계·기구의 윤활 목적으로 사용하는 물질은 식품과 식품첨가물 이외에도 미국 연방규정집(CFR, Code of Federal Regulation)에 식품 기계·기구의 윤활 목적으로 등재되어 있는 것을 사용할 수 있다.

하. 기구 및 용기·포장 제조 시 재활용 합성수지제를 사용하고자 하는 경우, 폴리에틸렌테레프탈레이트(poly(ethyleneterephthalate), PET) 및 폴리에틸렌나프탈레이트(poly(ethylenenaphthalate), PEN)를 가열, 화학반응 등에 의해 원료물질 등으로 분해하고 정제한 후, 이를 다시 중합한 것이어야 한다.

거. 기구 및 용기·포장 제조 시 정전기 방지, 윤활성 부여 등 기술적 목적을 달성하기 위하여 보조적으로 사용되는 물질은 식품 또는 식품첨가물이거나 미국, 유럽연합 등 제외국에서 사용이 허용되어 있는 것으로서 안전성에 문제가 없는 것을 사용할 수 있다.

너. 축산물용 기구는 분해 조립이 가능하고 세척 · 소독 및 검사가 용이한 구조이어야 하고 제품, 세척 및 살균 · 소독제품으로 부식되거나 기타 변화가 없어야 한다.

더. 축산물용 기구에는 도자기 또는 법랑 등을 도포하여서는 아니 된다.

러. 축산물용 합성수지제의 기구는 내열성이 강하고 부식의 우려가 없어야 하며, 독성이 없는 것이어야 한다.

2 공통규격

가. 기구 및 용기 · 포장은 물리적 또는 화학적으로 내용물이 오염되기 쉬운 구조이어서는 아니 된다.

나. 식품의 용기 · 포장을 회수하여 재사용하고자 할 때에는 먹는물관리법의 수질기준에 적합한 물로 깨끗이 세척하여 일체의 불순물 등이 잔류하지 아니하였음을 확인한 후 사용하여야 한다.

3 재질별 규격

표 5-2 재질별 구별(주요 플라스틱)

구 분	잔류규격(mg/kg)	용출규격(mg/L)
PVC	1) 염화비닐 : 1 이하 2) 디부틸주석화합물 : 50 이하 (이염화디부틸주석으로서) 3) 크레졸인산에스테르 : 1,000 이하	1) 납 : 1 이하 2) 과망간산칼륨소비량 : 10 이하 3) 총용출량 : 30 이하(다만, 침출용액이 n-헵탄인 경우 150 이하) 4) 디부틸프탈레이트 : 0.3 이하 5) 벤질부틸프탈레이트 : 30 이하 6) 디에틸헥실프탈레이트 : 1.5 이하 7) 디-n-옥틸프탈레이트 : 5 이하 8) 디이소노닐프탈레이트 및 디이소데실프탈레이트 : 9 이하(합계로서) 9) 디에틸헥실아디페이트 : 18 이하

구 분	잔류규격(mg/kg)	용출규격(mg/L)
PE/PP	-	1) 납 : 1 이하 2) 과망간산칼륨소비량 : 10 이하 3) 총용출량 : 30 이하(다만, 사용온도가 100℃ 이하로 침출용액이 n-헵탄인 경우 150 이하) 4) 1-헥센 : 3 이하(폴리에틸렌에 한한다) 5) 1-옥텐 : 15 이하(폴리에틸렌에 한한다)
PS	1) 휘발성물질(스티렌, 톨루엔, 에틸벤젠, 이소프로필벤젠 및 n-프로필벤젠의 합) : 5,000 이하(다만, 열탕을 사용하는 발포 폴리스티렌의 경우 휘발성물질의 총량은 2,000 이하이어야 하며, 그 중 스티렌 및 에틸벤젠은 각각 1,000 이하)	1) 납 : 1 이하 2) 과망간산칼륨소비량 : 10 이하 3) 총용출량 : 30 이하(다만, 침출용액이 n-헵탄인 경우 240 이하)
PVDC	1) 염화비닐리덴 : 6 이하	1) 납 : 1 이하 2) 바륨 : 1 이하 3) 과망간산칼륨소비량 : 10 이하 4) 총용출량 : 30 이하
PET	-	1) 납 : 1 이하 2) 과망간산칼륨소비량 : 10 이하 3) 총용출량 : 30 이하 4) 안티몬 : 0.04 이하 5) 게르마늄 : 0.1 이하 6) 테레프탈산 : 7.5 이하 7) 이소프탈산 : 5 이하 8) 아세트알데히드 : 6 이하
PA	-	1) 납 : 1 이하 2) 과망간산칼륨소비량 : 10 이하 3) 총용출량 : 30 이하 4) 카프로락탐 : 15 이하 5) 일차방향족아민(아닐린, 4,4-메틸렌디아닐린, 2,4-톨루엔디아민의 합) : 0.01 이하 6) 에틸렌디아민 : 12 이하 7) 헥사메틸렌디아민 : 2.4 이하 8) 라우로락탐 : 5 이하

구 분	잔류규격(mg/kg)	용출규격(mg/L)
PC	1) 아민류(트리에틸아민과 트리부틸아민의 합) : 1 이하	1) 납 : 1 이하 2) 과망간산칼륨소비량 : 10 이하 3) 총용출량 : 30 이하 4) 비스페놀 A(페놀, 비스페놀 A 및 p-터셔리 부틸페놀의 합) : 2.5 이하(다만, 비스페놀 A는 0.6 이하) 5) 디페닐카보네이트 : 0.05 이하
PEN	-	1) 납 : 1 이하 2) 과망간산칼륨소비량 : 10 이하 3) 총용출량 : 30 이하 4) 2,6-디메틸나프탈렌디카르복실레이트 : 0.05 이하
PLA	-	1) 전분을 함유하지 않은 경우 가) 납 : 1 이하 나) 과망간산칼륨소비량 : 10 이하 다) 총용출량 : 30 이하 2) 전분을 함유한 경우 가) 비소 : 0.1 이하(As_2O_3로서) 나) 납 : 1 이하 다) 과망간산칼륨소비량 : 10 이하(다만, 비내수성 용기는 제외한다) 라) 포름알데히드 : 4 이하 마) 형광증백제 : 불검출

표 5-3 재질별 구별(종이제, 금속제)

구 분	잔류규격(mg/kg)	용출규격(mg/L)
종이제	식품과 직접 접촉하는 면에 식품용 왁스가 사용된 경우에는 다음의 규격을 적용하지 아니할 수 있으며, 합성수지제 또는 고무제 등이 사용된 경우에는 해당 재질의 잔류규격을 적용한다. 1) PCBs : 5 이하	식품과 직접 접촉하는 면에 합성수지제 또는 고무제 등이 사용된 경우에는 해당 재질의 용출규격을 적용한다. 1) 비소 : 0.1 이하(As_2O_3로서) 2) 납 : 1 이하 3) 포름알데히드 : 4 이하 4) 형광증백제 : 불검출

<table>
<tr><th>구 분</th><th>잔류규격(mg/kg)</th><th>용출규격(mg/L)</th></tr>
<tr><td>금속제</td><td>식품과 직접 접촉하는 면에 합성수지제, 고무제 또는 도자기제 등이 사용된 경우에는 해당 재질의 잔류규격을 적용한다.</td><td>금속제 중 건조한 식품(유지 및 지방성 식품은 제외)을 내용물로 하는 것과 금속제와 화학적으로 반응성이 낮은 식품첨가물로 지정된 기체(질소, 산소, 수소, 이산화탄소, 아산화질소 등)에만 접촉하여 사용되는 기구는 다음 규격을 적용하지 아니할 수 있다. 또한, 식품과 직접 접촉하는 면에 합성수지제, 고무제 또는 도자기제 등이 사용된 경우에는 해당 재질의 용출규격을 적용한다.
1) 납 : 0.4 이하
2) 카드뮴 : 0.1 이하
3) 니켈 : 0.1 이하
4) 6가크롬 : 0.1 이하
5) 비소 : 0.2 이하(As_2O_3로서)</td></tr>
</table>

표 5-4 재질별 규격(유리제)

<table>
<tr><th colspan="3">구 분</th><th>납</th><th>카드뮴</th></tr>
<tr><td rowspan="4">액체를 채웠을 때 깊이가 2.5cm 이상인 경우</td><td colspan="2">가열 조리용</td><td>0.5mg/L 이하</td><td>0.05mg/L 이하</td></tr>
<tr><td rowspan="3">가열 조리용 이외</td><td>용량 600mL 미만</td><td>1.5mg/L 이하</td><td>0.5mg/L 이하</td></tr>
<tr><td>용량 600mL 이상 3L 미만</td><td>0.75mg/L 이하</td><td>0.25mg/L 이하</td></tr>
<tr><td>용량 3L 이상</td><td>0.5mg/L 이하</td><td>0.25mg/L 이하</td></tr>
<tr><td colspan="3">액체를 채울 수 없거나 액체를 채웠을 때 깊이가 2.5cm 미만인 경우</td><td>8mg/L 이하</td><td>0.7mg/L 이하</td></tr>
</table>

표 5-5 재질별 규격(도자기제 · 옹기류)

<table>
<tr><th colspan="3">구 분</th><th>납</th><th>카드뮴</th><th>비소</th></tr>
<tr><td rowspan="4">액체를 채웠을 때 깊이가 2.5cm 이상인 경우</td><td colspan="2">가열조리용</td><td>0.5mg/L 이하</td><td>0.05mg/L 이하</td><td rowspan="4">0.05mg/L 이하 (As_2O_3로서 옹기류에 한한다)</td></tr>
<tr><td rowspan="3">가열 조리용 이외</td><td>용량 1.1L 미만</td><td>2mg/L 이하</td><td>0.5mg/L 이하</td></tr>
<tr><td>용량 1.1L 이상 3L 미만</td><td>1mg/L 이하</td><td>0.25mg/L 이하</td></tr>
<tr><td>용량 3L 이상</td><td>0.5mg/L 이하</td><td>0.25mg/L 이하</td></tr>
<tr><td colspan="3">액체를 채울 수 없거나 액체를 채웠을 때 깊이가 2.5cm 미만인 경우</td><td>8$\mu g/cm^2$ 이하</td><td>0.7$\mu g/cm^2$ 이하</td><td>-</td></tr>
</table>

지속가능포장과 5R

❶ 지속가능포장(Sustainable packaging)

지속가능포장은 기업의 경영활동에서 시작한 지속가능성(Sustainability)을 포장에 도입한 개념이다. 원칙적으로 사용 자원을 최소화(Reduce)하고, 재료의 재사용(Reuse), 재활용(Recycling), 물질의 에너지 회수, 안전 등을 고려한 포장 기술을 개발하여 자원 순환의 틀 안에서 지속적으로 이용될 수 있는 포장을 하는 것을 목표로 한다.

포장재를 마음껏 사용하고, 마음껏 폐기하면 조만간 우리가 살고 있는 지구는 사람이 살기 어려운 곳이 될 것이다. 우리가 살고 있는 이 지구는 우리의 것이 아니고, 우리의 후손에게서 빌려 쓰고 있는 것이기 때문에 후손들에게 지금 이대로, 아니 더 깨끗한 지구를 남겨주기 위한 노력이 지속가능포장의 시작이라고 할 수 있다.

1) 지속 가능한 사회에 관한 5개의 기본원칙(Sustainable Packaging Forum)

지속가능한 사회란 “지구환경이나 자연환경이 적절하게 보전되어, 장래의 세대가 필요로 하는 것을 잃지 않고, 현재의 세대의 요구를 충족시키는 개발이 이루어지는 사회”를 의미한다.

① 지속 불가능한 형태로 자원을 계속해서 사용하는 사회는 붕괴한다.

② 인구 증가와 그에 따른 자원의 소비 증대는 영원히 지속할 수 없다.

③ 지속 가능하기 위해서는 재생 가능한 자원의 사용이 재생할 수 있는 범위를 넘어서는 안 된다.

④ 지속 가능하기 위해서는 재생 불가능한 자원의 사용이 고갈해가는 비율을 넘어서는 안 된다.

⑤ 인류의 활동에 의해 환경에 반입되는 물자는 최소한으로 억제되며, 생태계에 해를 끼치지 않도록 처리되어야 한다.

2 5R

포장재 쓰레기를 가능한 한 줄이고, 폐포장재 등의 자원을 재사용하는 자원순환형 사회를 만들기 위한 노력을 아래의 다섯 단어의 앞 글자를 따서 5R로 표현하고 있다. 포장재를 설계할 때도 이러한 노력이 필요하며, 친환경적인 포장재를 설계할 때는 이 5R을 염두에 두고 설계할 필요가 있다.

1) Reduce in weigh & volume(원천감량)

불필요한 포장 재료는 과감하게 줄이는 노력이 필요하다. 포장재료 뿐만이 아니라 골판지 포장이나 필름에 인쇄되는 인쇄의 양을 줄이는 것도 포장재의 강도 개선, 원가절감 및 친환경 포장에 많은 도움이 된다. 최근에는 많은 업체에서 PET, 알루미늄캔 등의 두께를 줄이거나, PET 뚜껑을 짧게 하여 원료의 사용량을 줄이는 등의 많은 노력을 하고 있다.

2) Reuse(재사용)

포장재가 사용된 후 간단한 세척 등을 통해서 포장재를 다시 사용하는 것을 Reuse(재사용)이라고 한다. 맥주병이나 소주병이 대표적인 사례이며, 원활한 재사용을 위해서는 사회적인 회수 시스템의 확보, 포장재의 공동 사용을 위한 사회적 약속, 회수되는 도중 용기 등이 파손되는 것을 최소화하기 위한 회수 방법의 개선 및 소비자들의 의식변화 등 여러 가지 선행요건이 필요하다.

3) Recycle(재활용)

깨진 병이나 버려지는 골판지, 플라스틱 등은 회수해서 다시 유리병을 만들거나, 다른 종이제품, 플라스틱 용기 또는 옷을 만드는데 사용될 수 있다. 하지만 유리병의 경우에는 갈색이나 녹색 등 색이 들어가 있는 것이 많아 여러 색의 병조각이 섞여있는 경우에는 재활용이 어렵다. 플라스틱이나 종이도 분리수거가 제대로 안되거나, 복합재질인 경우 새롭게 만들어지는 포장재에 불량이 발생할 수 있어 포장재 설계 시 주의할 필요가 있다. PE와 PP는 같은 올레핀 계열이지만, 모두 비중이 1보다 작아 분리하기 어렵고, 섞이면 상분리가 일어나 재생제품에 문제를 일으킬 수 있다.

4) Recover(소각처리 용이)

재사용이나 재활용이 어려운 경우에는 태워서 연료로 사용할 수 있다. 대부분의 플라스틱(PE, PP, PET, EVOH, Nylon, EVA 등)는 탄소(C), 수소(H), 산소(O)로만 구성되어 태울 때 이산화탄소(CO_2)와 일산화탄소(CO) 밖에 발생하지 않으며, 태울 때 발생하는 열량도 PE는 11,000 kcal/kg, PP는 10,500 kcal/kg으로 나무(4,500 kcal/kg)나 종이(3,800 kcal/kg)으로 높아 연료로서의 가치가 높다. 실제로 스웨덴 같은 선진국은 유럽의 플라스틱 쓰레기를 수입(2015년 230만 ton의 쓰레기를 유럽 국가에서 수입)하여 폐기물 에너지 시설에서 연료로 사용하고 있다. 하지만 쓰레기를 안전하게 소각하기 위해서는 포장재를 설계할 때 알루미늄이나 염소계 재료를 포함하지 않고, 소각할 때 유해성분 발생이 없는 재료를 사용할 필요가 있다.

메모

- PVC : 가소제인 DEHP(Diethylhexyl phthalate) 용출 및 dioxine 발생
- PS : Styrene dimer, styrene trimer(컵라면 용기 등)가 내분비교란작용 가능성 있음.
- PC, Epoxy : 높은 온도나 소각할 때 비스페놀 A 발생

5) Return(폐기 용이)

재사용, 재활용, 소각이 어려운 포장재는 결국 매립되게 된다. 이러한 포장재는 썩지 않고 수십 년 이상을 그대로 남아있게 되므로 썩어서 퇴비화될 수 있는 재질(Compost화)이나, 자연적으로 분해되기 쉬운 생분해성 재질 등을 사용할 필요가 있다.

참고문헌

서적

일본포장기술협회, "포장! 이것만은 알아두자", 한국포장산업연구소, ㈜포장산업(2011)

김청, 박근실, "식품포장의 기초와 응용", ㈜포장산업(2013)

김청, "패키징 개론", ㈜포장산업(2013)

김청, "캔과 금속용기포장", ㈜포장산업(2011)

김청, "유리병과 마개 이야기", ㈜포장산업(2000)

김청, "종이 · 판지이야기", ㈜포장산업(2001)

松田　晃一, "おもしろいサイエンス飲料容器の科学", 日本工業新聞社(2018)

논문

S. Kalpana & S.R. Priyadarshini(2019), "Intelligent packaging: Trends and applications in food systems", Trends in Food Science & Technology, Vol 93, 145-157

By Yves Wyser, Michael Adams(2016), "Outlook and challenges of nanotechnologies for food packaging", Packaging technology and science, 29, 615-648

土橋正二(1985), "ガラスの表面処理", Vol.32, No.8, 390-395

五十部誠一郎(2010), 非加熱殺菌法を中心とした新規殺菌技術, 日本食品微生物学会雑誌, 27(3), 115-122

인터넷 사이트

株式会社　サンコー商事, "食品包装基礎知識", https://sanko-shoji.jp, (2019)

日本包装学会, "包装アーカイブス", https://spstj.jp, (2018)

りんご大学, "冷蔵庫とふじ", https://www.ringodaigaku.com, (2019)

식품을 위한 포장 Blog Packaging blog for food

2020년 01월 20일 1판 1쇄 인쇄 / 2020년 01월 25일 1판 1쇄 발행

저자. 윤상진 | 펴낸이. 윤용호

펴낸곳. 서울시 마포구 토정로 222 한국출판콘텐츠센터 301호 석학당출판사

등록. 2001.10.23. 제10-2238호 | TEL. 02)719-6116 | FAX. 02)719-6120

Homepage. www.shdbooks.co.kr | e-mail. shd6116@chol.com

이 책은 저작권법에 의거 보호됩니다.

ISBN. 979-11-87621-35-5 93590 15,000원